柳林のヤマセミたち

Greater Pied Kingfisher

Ceryle lugubris

2005-2018

中林 光生

Mitsuo Nakabayashi

溪水社

若くして逝った弟、

春生にこの本を捧げる

まえがき

川辺を歩く。そして居心地の良さそうなところに座って生きものたちの動きを観察する。これは楽しいのだ。「居心地の良さそうなところ」というのは、私にとっても、相手の生きものにとっても恐らく安心できそうな間合いのとれる場所のことである。

それで、河原の水際に石を組み上げ腰掛をつくる。そこに座れば体の半分以上は草やノイバラの茂みに隠れる。そして更に身を隠すために河原に小さな穴も掘った。人間がそこにいる影響を最小限に抑えて鳥の自然な姿を見、つぶやきに耳を傾けるためであった。ここは広島県を南に流れ下る太田川の中流域である。その川辺を歩き、茂みに隠れ、1978年から水辺の生きものを観てきた、というよりはその世界に入り込もうとしてきた。

生きものたちの生活の現場に潜り込みつぶさにその実態を観るようになったのは、既に20年も前になるが、偶々参加させてもらうことになった国交省の「太田川水系生物相学術調査」(1996～1997)のお蔭であると思っている。ただ、その調査期間と内容に満足していなかったこともあって、ずっと生きものたちと向き合うことになったのである。もともと特定の種類を調べようと意図していたわけではなかった。

ところが、2005年の冬に私はヤマセミのつがいと劇的な遭遇を体験してしまった。その朝ヤマセミの存在をまるで知らなかった私は偶然にも彼ら愛用の止まり木の真下にハイド(布製の携帯用観察テント）を建てたのである。その止まり木は、私の頭上2メートルもないところにあった。間もなく激しいキャラキャラ……と叫ぶ鳴き声に取り囲まれた。それは絶対に許さないという迫力に満ちていた。私はハイドをたたみ走ってその場を後にしたのであった。

この事件があまりに印象深く、それからというもの彼らの生きていく様子を見続けることになった。この太田川は、私の観察する部分では川幅も広い。下水敷と呼ばれる実際に水の流れる部分を含む河原の幅は約250メートルある。山間部を流れる渓流という環境ではない。そんな川に棲むヤマセミが私の付き合ってきたものたちであるが、ともかくそれが私にとってのテキスト（原典という意味で使っている）になった。ヤマセミという鳥がどんなものでどんな生活をしているのか知りたかった。それで、ただ彼らの行動を観察し、見たこと耳に聞こえたことをICレコーダーに吹き込んで家に帰り、それを書き起こし飛行経路を地図に描く生活が始まったのである。このような態度は、昔風で、その土地の対象の生きものを親しく見続けるという経験主義的なもので自分の経験を重視するあまり他の多くの観察者の成果を無視していると非難されるかもしれないが、敢えて私はこの道を歩んできた。

私の川辺歩きは、私自身が見知らぬ世界の探索に出かけることだったのである。その基本になる態度は、私が多少は親しんできたイギリスの人々の書いたもの、スコットランド人の伝記などに支えられている。

ためしに多くの人々の中の数人をあげてみよう。『セルボーンの博物誌』を書いたGilbert White、『ビーグル号航海記』の

Charles Darwin、自然の驚異を世に広めた Philip Henry Gosse、カンムリカイツブリの観察で有名な Julian Huxley、19世紀末のスコットランド人、ナチュラリストで靴職人の Thomas Edward などに大いに感応してきた。

その中の1人、この道の大先達として敬慕する18世紀のイギリス人牧師、Gilbert White は馬に乗り教区を回りながら目にしたことをノートしたという。同じようにはいかないが、私は歩いて、時には自転車に乗り狭い観察地をめぐった。ただ、White は自分のことを、"an outdoor naturalist, one that takes his observations from the subject itself, and not from the writings of others."（対象の生きものそのものを観察する者でありまして、他の人の書いたものから知識を得るのではありません）と言う。私も実はそう言ってしまいそうなところがある。White は相手の生物学者に初めて手紙を出すのでへりくだっているのだが、敢えて'outdoor naturalist'（野外で観察をする者）を強調したのであろう。

私は今でもやはり原典の重要さを強調する必要があると考えている。しかも、その原典とは、広島市内を流れる太田川の私の観察地のヤマセミたちである。この土地の有様がそこの生きものの姿、行動を導き出すであろうし、この特定の環境に棲むことが、案外見過ごされていたその生きものの本来の姿、或いは生得的な性質をあぶりだす可能性は大きいと信じている。

私はそれまでここの川辺で行ってきた生きものへの接し方を土台にして、出来る限りヤマセミの生活に親しみ、その生活に入り込みたい欲求に満たされていた。彼らと向き合い、出来ればその仲間になりたいという気分がどこかにあった。その飛び方、素振り、鳴き声、つぶやき、などから彼らの想いを探り、理解し、その行動を予知できるようになりたかった。その点で、私も必要な時には自分のことを‘outdoor naturalist’と言ってしまうのである。

この本の中で私は、「思い」、「意識」、「感情」、「主観的経験」などの言葉を敢えて使う。これはとても先走ったことかもしれないということをここで断っておかなければならないであろう。

例えば、彼らは、巣穴の補修を行いながら、小石を運び出す。巣穴から小石を嘴でくわえて出ると大きく川面を滑空して回って来、その当時足場として彼らが愛用していた川舟（魚漁をするための舟）の細い舷側に止る。そこで小石をくわえ直し、振り回し、高くかかげる。その時、舌でその小石に付いた土の味を味わっているに違いない。魚でもない、葉っぱでもない、まぎれもない小石の味わいを確かめ、その後でポトリと落す。これを繰りかえすのだ。その行為で、それまで彼らが味わった主観的感情の高まりを何度も再現して楽しんでいると私は確信しているが、これら意識の領域については、確定的な証明が出来るとは言い難いところがあるのは確かである。

それでも、その結果が一般的に隠れていてよく見えないヤマセミという生きものの特質の一端を浮き彫りにしているのではないか。普通考えられているよりずっと賢いのではないか、鳥が感情を持っている、つまり意識とか主観的感情を抱くなどと述べるのは間違っていると批判されるのは承知しながら、私が観察をしたここのヤマセミたちは感情、知能、理解力を持っている、と言いたいのである。長年の観察は私にそのことを信じさせるにじゅうぶんであった。

ヤマセミたちは、ここの環境に守られてきた。偶々ではあるが、彼らは繁殖のためだけに遠くからやって来るらしい。年中ここに棲んでいるのではない。それにも拘らずわざわざ、そんなに熱心に、しかも途切れることなく毎年やって来る彼らと私は親しく付き合った。彼らとは、数つがいのいわば代替わりしたヤマセミたちのことであるが、つがいは違っても同じようにこの繁殖地を使い、ほぼ同じ行動の形を見せた。そんな彼らは私の個人的な知り合いであると思っている。観察への時間のかけ方は、つがいによってバラツキがあったが、ともかく13年にわたって彼らを見守ってきた。

彼らをとりまくここの林は小さい。そして彼らにとって理想的でないかもしれないが、この土地での彼らの生活を支えてきた。防波堤の役目を果たしていたと言えるほど人の出いりを阻むように茂った草むらがあり、つづいて高く育った柳林があった。

太田川のヤマセミたちの内面の広がりを探る試みをしながら、彼らを守っていると考えられる空間の性質、その広がりの持つ可能性をも語っておきたかった。「ヤマセミのいる林の物語」と呼ぶべきＩ章をも付け加えたのはそのためである。

挿絵についても書いておこう。19世紀イギリスの博物学書には挿絵が沢山取り入れられたが、私のこの本でも挿絵による視覚的効果を重視した。表現すべきことを人に総合的に伝えようとする私の試みである。これらの絵は全て私がこの観察地で撮った写真を元に諸本泉さんに描いてもらった。私の好みでは、本の中の視覚的情報は、絵にすると喚情的な要素によるものか、伝わり方が散漫にならず意外と理解を助け、心に響く可能性があると信じているからである。

最後に再びGilbert Whiteの言葉を借りて終わることにしよう。

> この長年の観察による記述は、真実と信じているが、誤りがないというつもりはなく、また、もっと才能のある人がいたら付け足すことが沢山あろう。というのは、この種の事柄は汲めども尽きぬところがあるからだ。
>
> （1773.12.9付けDaines Barrington宛の手紙）

広島市安佐北区の太田川近くにて　2018年6月10日

中林光生

目　次

挿絵一覧

諸本　泉 画

第Ⅰ章

第Ⅱ章

第Ⅲ章

第Ⅳ章

第Ⅴ章

柳林のヤマセミたち

第Ⅰ章　川辺の楽しみ
――川風に背をおされて――

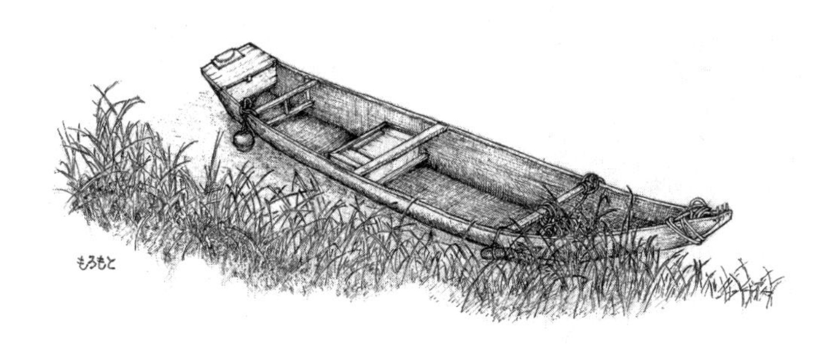

Ⅰの①　ヤマセミの川舟

この川舟はヤマセミたちのお気に入りであった。しかし、彼らがその舟べりに止り日々を過ごしているなど思いもよらなかった。私がこの舟の2キロメートルばかり川下の川辺を歩きだしたのが1991年。それから15年もたって突然その舟を中心にヤマセミを見守りだしたのだから、我々の人生における偶然の仕業は不思議というほかない。

川に沿って歩くのは楽しかった。家から自転車で出かけ、その日の気分で適当なところから歩きはじめる。広島市の市街地にある古い住宅地から引っ越してきた私には、家の近くとはいえ太田川の開けた空間がただ新鮮であった。歩こうと決めていた範囲は川に沿って約3キロメートルである。といってもまんべんなくその範囲をしっかり見るなどというのは難しい。それでこの舟がつながれた場所にちゃんと足をのばすのは最後になってしまったのだ。

どこにでもありそうな街並み近くの河原であるが、あちらこちらと興味を引くものに関わっていると、そうそう距離を伸ばせない。身体で川を感じながらぼちぼちと物事は進みだした。多くの場合、川を下っていると僅かでも風におされるので楽なのだが、帰りは川を遡るので風に逆らって歩くことになる。足に力を入れないといけないと感じるのは新鮮な気分であった。土手に囲まれた川の空気は太いかたまりのように私をおしもどそうとするのである。

ほぼ毎日のように散歩しながら特に印象に残り是非とも述べておきたいことは、この河原は沢山の生きものに満ちているということ。それに、鳥たちが決まったようにこの河原を東西に行き来することであった。

川に棲む鳥、川を渡る鳥

ヤマセミと出会ったのは意外と早かった。太田川のすぐそばの広い団地に引っ越してきたのが1978年。その次の年の2月にはもう自分の家でヤマセミを見ていた。自分の家でというのは、すぐ脇の道路に出ると頭上を通る彼らの姿が見えたのである。

団地は川からグイッと高くなる丘の上にある。川より5、60メートルは高い。彼らはその団地まで一気にのぼってき、坂になった道路の上を通り私の家の上を通過して遥か東の高い山の方に飛んでいた。しばらくすると同じコースを戻ってくるのである。2月ごろだからこの地域では巣作りに熱心に取り組みはじめるころだ。家の外に出てよく彼らを下から見上げたものである。

だからといって私は次の行動に移ったわけではない。ヤマセミは川の鳥だ。山に向かうなど何かの理由があるに違いないと思っただけで、その時は特に何もしなかった。川筋を歩きながら、ヤマセミを意識することもなかった。ただ、その新しい環境を堪能するばかりだったのである。

不思議な出会いは、これだけでは済まなかった。その次の年の初め、1980年1月6日の朝、偶々家の側の道路に出てみた。その日もぐんぐん上昇しながら、真正面から近づいてくる鳥が見えた。ヤマセミと同じくらいのサイズの鳥が同じようなゆっくりとした羽ばたきをしながら迫ってきた。しかし、どう見ても白でなく色がついている。フワフワと近づいてくる姿をゆっくり正面から見ていると、それは茶色っぽい。ヤツガシラ[1)]なのだ。正月のお年玉のような偶然の出来事は感動的であったが、やはり来たかとも思った。何故かというと、西から東に向かって来る鳥の動きに応じる心構えが出来ていたからである。

この個体は西から川を渡りこの団地を越え東へ真っ直ぐ飛んだとその動きを頭の中でなぞってみた。実際それから間もなくずっと東の西条地域でヤツガシラが留まっているという情報があったのだ。この太田川を越える前の状況も既に聞いて知っていた。これは迷鳥の類であろうから、同一個体と思っていいだろう。私の頭上を越える約2週間前、川の西の、東西に走る県道沿いで数人の人がヤツガシラを見ていた。自動車で通勤の途中ガードレールの支柱に見慣れぬ飾りがあるなと思ってよく見ると、その頭が動き冠羽がひらひらしたというのだ。

それは誰が見ても印象に残る経験に違いなかった。その鳥が川を越え私の家の上を通ったと思って間違いないだろう。この鳥に確立した渡りのルートがあるとは思えないが、春に向かい、この狭い地域に関して言えば、鳥が西から東へ移動することは予想できる。西から東に移動する鳥が太田川という広い川を直角にわたってきた瞬間であった。それと同時に、ぼんやりながら、ヤマセミが棲む川とその他の渡り鳥、或いは移動する鳥の道が交差するという事柄が頭の中に植え込まれたようであった。

この思いはだんだんと膨らみ、確かめられていったと言ってよいだろう。この太田川の河口より12キロメートル地点に東と西の岸を結ぶ道が狭い谷を通って伸びている。これは鳥たちにとっても自然な道であり続けているに違いないと思ったのである。この道が西から来て東の岸に突き当たったところに私は自然と導かれたようであった。

殆どの場合、自転車に乗って川土手まで行き適当なところに自転車を置くと観察ポイントを中心にその日の気分で川上へ、川下へと歩いた。こんな具合に、偶然に出会った鳥の有様に合わせてただ見て歩くという鳥との付き合い方が私には居心地が良いことにあらためて気づかされたのである。

その後も同じ川筋を歩くことを続けた。12キロメートルという地点が見せてくれる出来事はこれで終わりではなかった。冬場のイワツバメ[1]を取り上げておかねばならないだろう。ここの川筋で初めて彼らに出会ったのは1991年12月28日である。その後も200羽の年もありもっと少ない冬もあったが、最高気温がぐんと低くなって2、3日すると現れるのが普通であった。真っ白に雪化粧した山を背景に川の上を黒い小さなイワツバメの群れが舞い飛ぶ光景はなかなか得難いものである。

河原に座っていて後ろから不意に彼らの声が聞こえたりすると、記憶の中を必死にまさぐりやっとのことで声の主を思い出すのだからちょっと情けなくなるのである。12月初めから2月ごろまでこの辺りの川の流れに沿って上下に飛び、近くの丘

もろもと

Ⅰの②　ショウドウツバメ（2014.10.15）

の上に移っては木々をかすめる様に飛び交い声を響かせた。

イワツバメよりさらに印象深いのは、日本で一番小さいと言われるショウドウツバメ[1)]たちである。秋の渡りのころに必ずこの観察地点にやって来るのだ。気づいたのは1997年10月26日であった。その後も毎年このころにやって来て、この12キロメートル地点を飛び回った。その行動については第Ⅵ章で触れる通り、その数は多い年で400羽、少ないと100羽くらいである。滞在期間はたいてい2日。その間川筋のたった400メートルばかりのところをただ飛び回る。

それで彼らは栄養補給するだけの羽虫の類をとれるのだろう。川が浅くなっていて、昔からアユの産卵場でもあるこの部分が、そこに生育している虫たちの点からしても、いかに鳥たちに貴重であるか証明しているように見えた。

更に時間がたったころのこと、このショウドウツバメがやって来る地点で私は忘れがたい光景に出合った。2006年5月4日のことだ。既にこの地では渡りの真っ盛りであった。私はその日犬のテッサーを連れて河原の水際に座っていた。すると西岸の草むらから私のいる東岸の約30メートル先の草むらに向けて小さい鳥[1)]が低く低く一直線に飛ぶ。5分に1羽くらいの割合で同じように飛んだ。種類は判別できないがスズメより小さく飛び方は力強くて渡りをしていると思わせる飛び方であった。

オオモズもちょうどこの地点に立ち寄った。2004年4月29日のことだ。初めての鳥だったので、ともかく写真に撮り、翌日その鳥が止っていた木の枝の長さなどを計測した。その数値と写真を比較してこの種と確信したのである。

渡り鳥コメボソムシクイ（現在ではオオムシクイ）[2)] についても語っておこう。40年も昔にずっと川下の市街地よりの家に住んでいたころ、初夏にその庭で見ていたこの鳥がこの川の近くの私の家の近くでよく囀った。すぐ脇の公園でも5月25日ごろには家の中でも聞こえるほどであった。この鳥が、2016年5月に12キロメートル地点近くの大きなエノキでも囀ったのである。

彼らは渡りの途中なのに縄張り意識が強く、人間が近くに来ると飛んできて俄然声を張り上げるところがある。秋に南に帰る時[3)] はどうかなと思っていると、2017年10月30日にもこの春に囀っていた同じエノキの下で鳴いたのである。

そういえば、梅雨時には夕方からカジカガエルがあちこちで鳴くし、夏のお盆過ぎの夜に外に出ていると西に向かってキア

Ⅰの③　木陰のオオムシクイ（2016.10.25）

シシギの群れがピュイーピュイーと鳴きながら家の上空を通り過ぎるのに出会うこともある。

思い返してみて、川のある部分を渡り鳥が1つのルートのようにして使うのは何もこの太田川の12キロメートル地点だけでないかもしれない。それなりに注意深く見ていればこんなところは他にもあると思うのである。

とはいえ、この河口より上流およそ12キロメートル地点が鳥たちにとっていかに重要な場所であるかを、鳥たちの動きに合わせて見守りながら日をおうごとに実感することになった。鳥たちの飛び交う下を流れるここの水中はやはりと言うべきか非常に多様性に富んでいるのである。

重要種と呼んでよい生きものの種類数は13。このようなところは珍しく太田川流域内でも特に注目すべき非常に貴重な所だと調査をした内藤順一氏から直接お聞きした[4]。氏の論文でも、水棲動物について、「調査地点は……河口から約11km上流に位置している。確認した絶滅危惧種は、スナヤツメ南方種……水棲動物の絶滅危惧種は13種類が生息していることになる。……広島県内では最も多くの絶滅危惧種（水棲動物）が確認されている地域である。」[5]と指摘がある。

第Ⅱ章から詳しく語ることになるヤマセミはこのような環境の中に縄張りを持っていたのである。

1） 拙著、『あるナチュラリストのロマンス』、メディクス、2007、の各項目を参照のこと。

2） 拙文、「コメボソムシクイ（オオムシクイ）と遊ぶ」、日本野鳥の会広島県支部報、『森のたより208号』にくわしく記述した。

3)　拙文、「オオムシクイがまた顔を見せた」、同上214号に報告した。
4)　その13種をあげると、甲殻類も含めて、アブラボテ、カタハガイ、テナガエビ、イシドジョウ、カジカ中卵型、アカザ、スナヤツメ南方種、ミナミメダカ、サツキマス、ゴクラクハゼ、ウキゴリ、スミウキゴリ、である。最後の2種は絶滅危惧種であり、ゴクラクハゼは、太田川ではほとんど見られなくなっている種類と見られる。これにニホンウナギを加えると13種になる。
5)　内藤順一、『(2015) 広島県動物誌資料 (39)』、比婆科学 (255)：p.4

暗がりに目をこらす

夕方から暗闇にかけて活動する鳥たちも河原にはいる。彼らに関わっているうちに、私は自然と暗闇に足を踏み入れるようになっていった。

ハヤブサが夕方の狩りを終え塒に帰ると思われるときの様子であったり、コミミズクが目の前で餌のネズミを草むらに隠すところだったり、それらは、河原の暗がりにじっとたたずむことで見えてきた生きものたちの生活のごく一部であった。

ここでは、ヤマシギの行動を探るために私が何をしたかについてだけ語っておこう。1996年1月のある日、私は1つの樋門（小川などの流れを太田川の本流に流しだす水路）の脇を歩いていた。コンクリート3面張りのその水路には当時ごくわずかしか水は流れていず、短い水草がびっしりと生えていた。その草にすっぽり溶け込むように1羽のヤマシギが立っていた。上から見下ろすのでは具合が悪いので、すぐにその場を離れたが、その鳥がどんな生活をここの河原でしているのか探りたくなった。

次の日からその鳥が立ち寄りそうな軟弱な土の露出した所、小さな水たまりなど調べて歩いた。しばらくたった1月20日の夕方、暗がりの中そのヤマシギが飛んできそうな草むらを歩いていると、頭上を飛んだのである。午後5時48分である。ヤマシギが飛ぶ姿は他所でも見ていることもあり、真っ暗でも空はボンヤリ明るいので、間違うことはなかった。

広島のその時間だともう真っ暗だといっても、意外と苦労することはなかった。少し慣れると、暗い草むらもボンヤリと見えるのである。曇りの日などは特によく見えた。遠い街なかの光が雲に反射して届くからのようであった。

草むらに潜り込んでそのヤマシギが頭上を飛ぶのを待った。キツネが近くの草むらからスーと出てきて次の草むらに消えていくときもある。そんな姿を目でじっと追っていると、自分がヤマシギに心を集中して身を固めている力がふっと抜けていくのであった。昼間とはまた違うこの草むらと1つになっている自分がそこにあった。河原はより身近なものになっていたのである。

少しずつ潜り込む草むらを変えヤマシギが地面に下りるところを探っていった。幸いそいつはあまり遠くには飛ばず、何とか目の届く範囲に留まっていた。下りたところは次の日に調べてみた。やわらかく湿った土に餌を探した後がある。点々と嘴を土の中に差し込んだ長円形の穴がくっきりと見えた。ほんの約1メートル四方の地面を探るとまたすぐ場所を変えるのだろう、そいつが下りた地面には10個くらい穴があいていることが多かった。

そのころは、ICレコーダーもなく飛んだ時間を腕時計で確かめてメモする必要があったが、そのメモによると飛びはじめる時間は全く規則正しかった。12月末の日の入り時間はこの広島では丁度5時である。年を越して1月14日から1分ずつ日の入りは遅くなった。このヤマシギは時の動きに正確に反応して行動を開始していた。1月20日で見てみると、日の入りは5時27分、ヤマシギが飛んだのは5時48分だから日没後21分が活動開始時間であった。参考のため取り上げておくが、2015年にほぼ同じ地点で越冬したトラフズクの場合活動開始は日没後11分であった。

毎日少しずつこんな具合に観察を繰りかえしているうちに、私は河原の暗がりに潜むことに慣れて行った。生きものの環境の有様に自分を合わせ、そこに潜り込むことを続けたのである。その当時、暗闇を歩くこと、出来る限り生きものの立場に立つこと、つまり人間と河原の生きもの双方にとって居心地の良いであろう観察の仕方はどんなものか考えたりしながら、次に語っていくヤマセミの観察のために下ごしらえをしていたかのようである。

それに、河原といっても変化に富んでいる。春先どのように草が伸び出すのか、柳林の見通しは草が伸び木の葉が茂るのに応じてどんなに悪くなるか、夏を越して秋口にどんな虫たちがその林に集まるか、越冬する蝶がどの木に一時集まるのか、桑の木の葉は大雪の日にドッと落ちるなど、生きものたちの変化を肌身で感じながら2005年まで随分と歩いた。

12キロメートル地点の生きものが見せる多様性

この12キロメートル地点（少し幅を持たせて11キロメートル

から12キロメートルの間2キロメートル）を中心にした流域で繁殖した鳥たちについて書いておこう。ホオジロ、モズ、キジバト、ハシボソガラスは言うまでもなく、キジたちも点々と縄張りを張り繁殖していた。10数年前からオオヨシキリもここまで上がってくるようになった。セッカは広島市内では生息の気配は薄く、繁殖も年により勢いも極端に強弱がある。ただ、この地点ではよく繁殖する、特に土手の法面の狭い草地を好んで利用するようである。更にイソシギは、ごく少ないと思われているようであるが、この地域では毎年確実に繁殖している。それに、秋にはアオアシシギ数羽の群れがしばらく滞在することもある。

次に蝶たちである。春の初めに印象的なのは、ヒメウラナミジャノメの発生である。丈の高い草むらを歩くと、彼らのシャワーを浴びるような現象に出くわす。しばらくしてゴマダラチョウが発生し、数日一緒に群れて飛んでいてどこかに分散していく。コムラサキは無数と言ってよいほど河原全体に生息し、土手にはジャコウアゲハがひらひら舞飛ぶ。ここの土手に、このチョウにゆかりの深い草があるためである。秋口にはウラギンシジミの群れが一時群れて乱舞する。それから寒くなりだすとムラサキツバメが集合しだす。これで、チョウたちの活動は静かな季節を迎えるのである。

柳林では、1度カメノコテントウが発生した様子であった。ごく若いクワの木に群れていた。その後はクワの木に移りその赤く熟した実に取りついている姿があちこちに見られたのである。こんなこともあるという例である。その他昆虫では、この水につかる河原の草むら一帯にヒゲコガネが生息していて、夏の夜は彼らがぶんぶん飛び回る。

トンボ類で例をあげれば、柳林内の小さな水たまりではリスアカネが繁殖し、本流部のワンドが静かな浅い水面を保っていればオナガサナエが縄張りを張るのである。そんなワンドの片隅には、カジカガエルが細々と棲んでいて、春先から良い声を響かせる。一度だけ私はそのオタマジャクシを私の観察地点で見たことがある。

その他あげればきりがないが、以上が多くの生きものの中でも私の親しむことが出来た生き物たちである。それらについては、第Ⅵ章でもう少し詳しく語ることにする。

さらに繰りかえすと、内藤順一氏によれば、この観察地の川の中に住むものたち、魚たちは広島県内有数の多様性を誇るという。私が語ってきた生きものも含め、この観察地の貴重な有様を示すものであろう。

この河口から11キロメートルから12キロメートルを、私は密かにホット・スポットと呼んできたが、この言葉を使ったことで安心しがちである。そこで全てが終わってしまいがちだからである。我々は、その先に思いを寄せ続けなければならない。気の遠くなるような命のつながりを想い、この川という自然に接しなければならないと独りつぶやく。

広島市内を南に向かって流れる太田川の、河口より12キロメートル地点、詳しくは11キロメートルから12キロメール地点の川筋に棲む生きものたちと私は関わって記録し続けた。最後に出会ったヤマセミはこの川辺を象徴するような存在であった。

付表：太田川河原観察に関する覚書

1978年　広島市街のはずれ、牛田というところから太田川の河口より約10キロメートル上の地に引っ越す。

1991年　その10キロメートル地点を中心に太田川の河原の自然がどうしても観察したくなり、川沿いに河原の柳林、草むらを見て歩き始めた。

1996年　夕方から夜にかけての鳥の様子を探り始めた。

2005年　ヤマセミのつがいに出会う。以後、その生態を見守りつづけると同時に河原の柳林、草むらに親しむ。

2010年　7月の大雨、大増水で河原はほとんど草のない一面の白い石と砂の原と化した。観察は再出発。

2015年　夏には、河原の木々も4、5メートルの高さに育ち、ほんの30メートルほどの細長い小さな池も元の沼地状の環境をとりもどした。

2018年　夏の大雨、大増水のため、河原はあちこち様子が変わった。ヤマセミたちの舟も6メートルばかり上の岸に打ち上げられ太い木に当たってバラバラに壊れた。
私の観察用に石を積んだだけの腰掛は、その地面ごとえぐりとられた。小鳥たちの安全な隠れ家になるノイバラの群落も壊滅状態であった。
これも造化のはたらきだ。もたらされた変化に応じて歩くことになる。

第Ⅱ章　ヤマセミを観る
——観察したくてたまらない——

Ⅱの①　お気に入りの止まり木の雄と雌（2007.3.1）

この木の枝は河原の草むらの上に伸びていた。枯れていて林から突き出た姿はよく目立った。朝ここにやってきたヤマセミたちはまずこの枝に止りしばらくゆっくりと時を過ごすのである。止り方が決まっているわけでもない。雄がこの曲がった枝を優先的に使うわけではない。先に来てももう１本上の短い枝に止ることもある。止り方のルールを見つけようとしたが、その後どんなに比較しても先に来たものの自由であった。ただ、こんなに雄と雌がくっついて枝に止るのは相当な理由があるようなのである。

彼らがどのような状況にあったか説明をしておこう。2008年ごろには既に彼らに名前をつけ、雄はトシイエ、雌はおマツと呼んでいた。加賀百万石の当主夫妻の名前を借りたのである。この朝、7時21分には既に雄のトシイエが独りこの枝にいた。彼は大声でキャラキャラキャラ……と叫びはじめた。それは雌のおマツが飛んできたのでその高揚した気分を表わす鳴き方である。この鳴き声は同じ状況で彼らが出すいつもの声であり、この場合にも当てはまると信じている（第Ⅳ章でも詳しく述べる）。雄は気配で予知していたのだ。間もなく雌が飛んできた。（念を押しておくと、手前が雄である。この雄は喉のあたりの朽葉色が殆どなく襟にほんのわずかなその色の痕跡があるだけである。それに胸の黒い斑点の間にごくごく淡い黄色の点が1つあるだけであった。）

その後巣の方に行った雌は雄に向かいキョッキョッ……と大きな声を出して鳴いて強くアピールしている。つまり雌の強いアピール、そして、そのアピールに抵抗しながらも、巣の補修に向かう雄という2羽のコミュニケーションの典型である。雄は感情の高まりを抑えがたかったのだろう、ずっとキョッ、キョッと鳴きつづけていたが、間もなく飛んだ。巣に向かったようだった。これは次の第Ⅲ章で詳しく説明する雄と雌のやり取りの1例である。

劇的な出会い

ある日の朝、実はカイツブリを観察することだけを私は考えていた。いつもの観察地点からそれほど遠くないところである。2005年2月6日の早朝、適当と思う場所にハイド（鳥を観察するための布製テント）を張った。時刻は6時18分。この広島ではこのころの日の出時間は7時5分だから、まだ薄暗いのである。全く何事もなくテントを張りその中に入って待った。勿論カイツブリはすぐ目の前で動き出した。静かな水辺であった。

ところが、1時間ほどして、ヤマセミたちの大騒ぎがはじまった。先の絵（Ⅱの①）の枝は、私のハイドの真上2メートルもないところにあった。彼らのキャラキャラキャラという大声が降りそそいだ。それは私にとっては青天の霹靂と言うべきもので、キャラキャラに続いて激しく羽ばたく音に囲まれていた。7時16分から25分まで私はこの大声のシャワーをあびつづけたのである。

ヤマセミだと分かったが、それは尋常のものではなかった。悲痛な叫びと感じられた。ヤマセミたちからすれば、自分たちの世界に侵入し生活を乱すものに対する抗議、怒りの表現であると思った。私はヤマセミがその枝を使っていることは全く知らなかった。自分でも不思議なのだが、その辺りでヤマセミの存在を意識したことがなかったのである。

とはいえ、私はこの自然界に生きているものたちに対して如何に配慮を欠いていたか反省した。後になって分かったのだが、その枝は彼らのお気に入りであったのだ。ヤマセミたちのこの川辺での活動の重要な所に無分別に立ち入ってしまったらしいのである。

その朝彼らがすでにそこにいたとすれば、私はハイドを張ることはなかったであろう。偶々うまい具合に張ることが出来たために起こった騒動であった。

私は彼らがこの場をちょっと離れた隙をみてハイドをたたみ逃げるようにしてその場を後にした。そして反省した。

我々は文明社会を作り上げ、何処までもそのシステムを土台にして歩き回る。その証拠に、観察といって彼らの住処に乱入してしまう。しかし、待てよ、待てよと私はつぶやく。この地球を、ヤマセミを単純に観察の対象にしてよいものであろうか。我々人間もヤマセミと同じくこの地球の生きものの一種ではないのか。文明の進んでしまった我々ではあるけれど、何とか他の生きものと折り合いをつけながら、身の回りの環境に関わることが出来ないかと我が身を振り返るのだ。どこかで我々の生きざまに歯止めをかけるよう心の在り方を調整しないといけないと思いはじめたのである。

その騒動がはじまった時、ヤマセミの意識、感情のほとばしりを腹の底から感じたのである。その時の自分の思いを大切にするほかない。ヤマセミは怒っていた。その感情を爆発させていた。彼らはその思いを表現しているのではないか。

その時から私は、ちょっと矛盾しているが、ヤマセミたちの行動の解明に駆り立てられるようになった。少なくともこの太田川のここの水辺にすむヤマセミたちが自らの感情を表現する姿を環境ごと肌に感じるところから始めようとしたのである。

1. 遠く離れて観る

300 メートル・ポイントを決める

初めに観察の方針を決めた。2つあって、

1) 遠くから活動全体を観るために 300 メートル・ポイントを決める。
2) つぶやきが聞こえるほど近くから観る。身を隠す工夫をする。

これらを何とか実行しようとあれこれ工夫した。

最初の、ポイントとは観察するための場所の呼び名である。ただ、300 メートルが適当と考えても、どの場所にするか決めるまで5年もかかっている。その5年間、季節を追い、川の状態に従い、草陰に潜み少々川の全体像が見えにくいのを我慢しながら 250 メートル地点を中心にあちらこちらとヤマセミたちの動きに沿うようにしただけである。

ヤマセミの生活を乱さずに接するにはどうしたらよいか考えるまでもなかった。問題の止まり木は彼らのお気に入りらしいので、私がどう振る舞うかは観察する対象のヤマセミたちに試されているようなもので、誤ればこの観察はうまくいかないであろう。慎重に動いた。

最初にしたことは問題の止まり木に彼らが止っている時、何処まで近づけるか調べることであった。草むらをかき分け低い木々の間を縫ってソロリソロリと歩いていく。その止まり木から200メートル地点まで行くと何度試しても少しの動揺を見せるようである。もうそこから先では、自然な彼らの動きを見ることは無理だろうと思いずっと引き下がることにした。そこで決めたのが止まり木から300メートルの距離である。そこだと、ヤマセミたちは私の存在を知ってはいても、その活動に殆ど影響を受けていないように見えた。

ところが、300メートル地点で見晴らしのきくところはなかなかなく、やむなく250メートルあたりを観察点にして観察を進めた。

2010年の7月にやっと300メートルで理想的なところに出られるようになった。それは河原が川の中央に向かって突き出たところで、そこに背の低い木々、ネコヤナギがびっしりと生えていた。それらをかき分けるように先に進むと、ヨシの生えた水際に出る。そして急に彼らの活動域に向かって視界が開ける。後は丈の高い草を刈り、前方の川幅いっぱいの視野を確保するだけだった。

しかし、川であるから時々増水する。近ごろ河川はダムなどにより管理されているとはいえ、やはり川である。生々流転の習わしは逆らい難く、300メートル・ポイントを決めても、そこは歩いて渡りにくいことが度々おこった。そんな時は一週間くらいそこにたどり着けないのだ。観察はよく中断されたものの私のヤマセミ観察のほぼ八割はこの地点で行ったものである。

夜明けごろ河原に座る

朝早く夜明けごろに河原に出ることが私の習慣になった。そのころにヤマセミたちの活動がはじまるらしいと最初の出会いで予想がついていたからである。そして後はただ待つだけであった。夏も冬も、雨でも雪でもただその300メートル・ポイントに座った。石を積んだだけの腰掛石は、出来るだけ座り心地が良い平らな石を選んでいるので何時間でも大丈夫であった。

まだ十分に夜が明けていない河原にじっと座る。目の前には同じ風景が広がる。同じつがいが現れる。それをじっと見守る毎日である。毎日同じことの繰り返しであるが、彼らは少しずつ違ったことをする。それに、この川辺に棲む他の生きものたちの姿も自然と目に入る。それらがヤマセミの生活空間そのものなのだ。晴れの日、雨の日、風の日、雪の日とつないで、それらの光景が混ざり合い、私はこの川辺のヤマセミの世界を実感し、少しは理解できたのではないかと思っている。

既に書いたように、この川辺のヤマセミたちは朝早く通勤者のように川上から姿を現す。朝の私の仕事は、それ故、この出現を確実にとらえることであった。その時点で姿を見つけないとその後の姿を見失う可能性が大いにあるからだ。何故なら、1度どこかの木陰に入り込むとなかなか動かないので、まるで取りつく島がなくなるからである。

観察は朝2時間内が基本である。彼らの活動がこの地では夜明けからこの2時間の間に活発になることから、現実的にはこの中の一番効率よく観察できる1時間を選ぶことが多かった。実際この2時間くらいで彼らの活動は一段落し、巣穴近くから離れて中州などで過ごすことになる。ハイドに入っている場合は、この休息に入ったタイミングを見計らって素早く退散することにしていた。

Ⅱの②　朝の出現の図

腰掛石に座った時、川上の水面はただ鈍い銀色にチラチラと光るだけである。その水面の端に見える小さな岩場の少し上手に注意を集中し双眼鏡を三脚に固定してじっと覗き続ける。

初めのころは自転車で河原に向かうことが多かった。そこから河原の石ころを踏みしめて歩き腰掛石に座る。三脚に市販の大型のプレート（これはカメラを２台取りつけるためのもの）を乗せ、そこに双眼鏡と60倍接眼レンズをつけた望遠鏡をつける。双眼鏡は三脚につけただけでびっくりするほどよく見える。これはその昔、イギリスのジュリアン・ハックスリーも実感を込めて語っている。三脚の雲台に２枚の板を乗せ、それで双眼鏡を挟んで固定したらしいが、昔も今も同じようなことをしているのだ。私は双眼鏡で見ながら、より細かいところを確かめたい時に望遠鏡の方に目を移すのである。300 メートルと相手は遠いのであるが、雄と雌の識別はちゃんとできるか疑問視する人がいるに違いない。

そのことにここで触れておかないといけないだろう。この観察地で最初に見たヤマセミのつがい、特に雄は変わっていたので雄と雌の判別がつきにくかった。雄の喉から胸にある朽葉色の部分がないに等しい。明るい順光で、しかもうんと近くから写真を撮り部分拡大して胸の黒い斑紋の間にごく淡い黄色の小さい斑点があることが分かる程度だから、雄雌の違いに関しては望遠鏡で見るくらいでははじめ分かりようがなかった。ただ雌の翼の裏の赤朽葉色とでも呼ぼうか、にぶい赤色ははっきり分かるので、その他の識別点として顔の周辺に出る模様などの特徴に注意することにした。長い付き合いで顔を見ればすぐ誰か分かるようになっていった。雄はトシイエ、雌はおマツである。

例えば、1）　冠羽による判別：これは相当に明瞭な違いがある。雄のものは大きく前方後方に張り出す長さで一目瞭然である。雌の方は小さめで、普通にしていると少し後方に傾く傾向が強かった。

2）　襟元に出る模様による判別：これもかなり差があった。雄は襟の後方部分に黒っぽい大きな斑紋が出る。一方雌は中央寄りに小さな黒っぽい斑点が４つばかり出る。

3）　体色（白黒模様のコントラスト）による判別：

雌の方が黒い色がうんと締まっていた。

4) 胸の黒い帯の太さ、その色の濃さによる判別: 雄の方では色が薄く、帯も細かった。その他、胸の模様は写真に撮れば、その模様の形ははっきりと違った。雌の方は、丁度上から見たタカの飛翔図が綺麗に並んだようになり、雄の方は、何時も模様は乱雑であった。

彼らが現れる道筋は決まっていて、毎回ほぼ幅 10 メートルも外れることなく真っ直ぐに川を下ってくる。外れないのは、下ってくる際その小さい岩場を回り込み、そのまま問題の止まり木に止る最短コースをとるので、図らずも一定のルートのように見えるようだ。

少し明るくなったころ、その銀色の縮緬波の上に小さな鳥らしい形が双眼鏡の視野の中にふと浮かび上がる。そしてぐんぐんとヤマセミの確かな姿になり、5、6 秒するとグイーンと上昇して問題の止まり木に止まる。

その止まり木で大抵 20 分はゆったりと過ごし、後は巣穴ほりに向かうか、中州に向かい餌の魚を探すか、更に少し川下に移動して辺りを見張ったり、行動はその時次第で決まったところはない。

ヤマセミのなじみの道

今一定のルートについて触れたが、彼らは決まったコースを決まったように動くようになっているというのとは少し違うような気がした。朝出現する道はそこしかない狭い最短の道なの

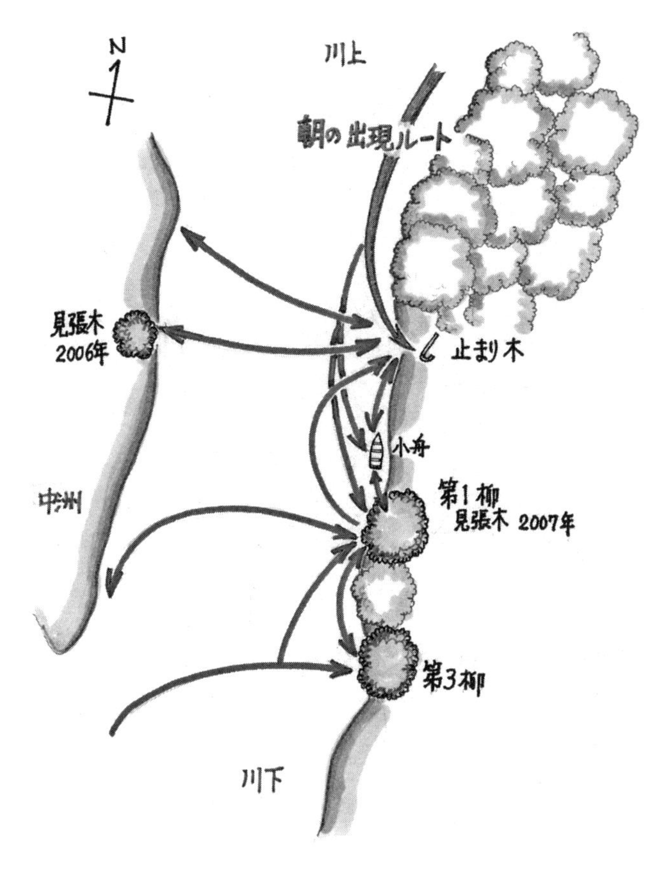

Ⅱの③　飛行経路図（2006 ～ 2007）

で自然に通ることになる。そしてお好みの止まり木に止りたい思いがあるからそこまで川面から８メートルばかり上昇して止るようであった。それは、いわば彼らの決まった道であろう。しかし、その行動には決まった道をたどることに加えて彼らの意志が存在すると私には見えた。

ここで、ごく初期に観察した彼らの活動環境と行動経路のごく一部を簡単に説明しておこう。2006年秋から2007年春までのものである。

この説明をする時、頭によみがえるのは、ユクスキュルという人の使った「なじみの道」という言葉である。それに関連して出てくるのが「知覚標識」、「触覚標識」である。それを解説したその著書、『生物から見た世界』[1)]では若いコクマルガラスを例に出し、住処にしている1軒の家の窓から出た後その家に反対側から戻ってきて、家から出たその窓の側まで来ても、それが認知できず出てきた道をたどってやっと元の窓から入るという例を出し説明していた。

先に掲げた図（Ⅱの③）について私の観察したヤマセミたちの行動を説明してみよう。止まり木、舟、中州の見張木、陸の見張木などはよく分かる目立った知覚標識である。朝出てくるルートは、狭く最短距離であることから多くの場合そこを通る。そのお好みの止まり木に止るまでを見ればまったくなじみの道を単純にたどっているように見える。そして、それが決まった太いなじみの道ということになるだろう。ただ、そうだとしても、その道にはいくつもの寄り道がある。

朝出現して必ず止まり木に行くわけではない。止まり木の直前15メートルばかりのところに休息の林と呼んでいるところがある。そこにある大枝にあがったり、ずっと下って舟だったり、そこからぐんと上昇して第1柳の1番上の枝だったりする。人がいるとか川の状況に全く変化がなくてもである。彼らはそれらの視覚標識に左右されず、その時の自分の意志で行動していると言ってよいほどに自由なのである。

それらの標識をすべて認知していると考えてよいだろう。例えば、餌を獲りに飛んで出ていき魚をくわえて舟に帰ったり、そこを通り越して休息の林の水際の木に止ったり、魚を獲ったすぐ側の平らな河原に下りたりする。

彼らは自分の選んだ場所、そして縄張りにしているところを細かく認知し、自在に使っている。自分の意志でその時の状況に応じて使い分けている。釣り人がいれば、その人との距離に対応し、見張りをし、更に威嚇するために舟に止り続けたり、第１柳にあがったり、その人の動きに応じてもっとその人に近づくために更に下手の柳を選んだりする。それらすべて彼らの視覚標識に入っているようだ。

1）ユクスキュル／クリサート、『生物から見た世界』、日高敏隆・羽田節子訳、2013 年、岩波書店

人工のもの

なじみのものと言っても、止まり木のように自然のものと、舟という人工のものがある。その人工のものについて考えてみる必要がありそうだ。というのは、最初の出会いから２年もするとこの川辺の事情が少しは分かり始める。舟は漁が休みの冬場は陸にあげられる。その間、彼らの動きは明らかに不自由そうなのである。舟は偶々活動の重要な拠点の一つに位置していて、そこからどこでも出かけられる場所のようで、はなはだ不便なのである。

それがないと不安なことを察知した私は、それならと舟の

あった近くの水中に、最初は足場を、次には舟の側の土手に止まり木を取り付けた。これは後それぞれ詳しく述べることになるが、足場は完成した日から3日目に雌が使いはじめた。人工の止まり木は翌日に使いだした。それらの人工の構造物に忌避反応がないと考えてよいだろう。全く新しいものでも安全であるかどうかすぐに認知し、自分の都合に合わせて取り入れ、そこで時間を過ごすのである。

もちろん、それらの人工物をつくる時、彼らが木質の感触を持ったもの、しかも水の近くに突き出た木材、丸太には目がないと私が見当をつけていたことは事実である。結果は、それらの構造物を見て、彼らはその「触覚標識」をすぐさま認知し、視覚標識として取り入れたのである。

その彼らの頻繁に出入りする場所は彼らの世界であって、その中に姿を現したものが人間がつくったものか流れてきたか、古いか新しいか、標識としての意味はとても薄くなると私は解釈した。彼らは視覚標識を認知し、なじみの道を自ら作り出す能力、理解力とその理解したことを実践にうつす能力を持っていると私は思い続けているのである。

翌日とか3日目にとか先に言ったが、本来このように人間の都合でたとえば、「作った迷路のようなところに道をつけるのにどれだけかかるか」とか目標を考えて装置をつくり彼らを試したわけではない。そのようなことは私に似つかわしくないと思うばかりである。ただ、ヤマセミという生きものはこんな風に人間のいる環境の中で自らの反応を示し行動しているということを示しておきたいのだ。

彼らは、それら視覚標識をすべて認識しながら自由に選ぶのである。餌を採りに出て魚をくわえても、最寄りの河原の石に下りて食べたり、舟に帰ったり、休息の林までわざわざ飛んだり、その時次第で自在の行動している。釣り人が沢山出ていれば、その人たちとの距離に応じて見張場所は舟だったり第１柳の上だったり、更に下手の木だったりする。

なじみの道は確かにあるが、ヤマセミたちの行動には、個々の「お好み」という要素が加わっているとみるべきではないか。というのは、ここの水辺の雄と雌（トシイエとおマツ）では同じなじみの道を使いながらも、好みの差が明らかにあったからである。

最初に出会った時の止まり木は、枯れかけていたが間違いなく樹木である。この木質のものに対する好みは持って生まれたものであるとして、そこになじみを示しずっと使い続けて止まり木はなじみの道の重要な標識になっていた。この持って生まれた性質と標識として利用することとの２つの要素が彼らの行動には組み込まれているようだ。つまり、木質を知覚する作用と、その知覚したものに反応するという側面である。

この２つの側面が彼らの行動に含まれていることを認めたうえでのことであるが、ここで取り上げているつがい、トシイエとおマツは好みの違いを見せる。

元々の自然の止まり木は２羽のお好みの１番目にあり、次に舟がある。ただ、２羽の間にこのお好みに違いがある。雌は舟が好き、雄は止まり木にこだわりを示すと言って良いだろう。雌は舟に止りそこから巣に向かったり、葉っぱ遊び、木片遊びをし（これは後で詳しく述べる）、水浴びをした後長々と羽繕いをするが、雄は止まり木にこだわりなかなか舟にやってこない。

ただ、そのうち鳴き合いを続け、雄が舟に来る度合が増え、舟の上で雄雌のやり取りが実現するようになった。お互いの働きかけによりお互いの状況の把握力が高まっていった。なじみの道が元々の止まり木への道としてまだ存在しながら、そのなじみという制約から自由を得ている様子が見てとれた。つがいの相手の立場を「認知」し、相手の「感情」に沿うように自分の行動を修正することをしていると言ってよいだろう。

私はこの朝の出現の仕方、例えば雄しか出てこない場合など、その朝の観察を続けるかどうかを決めていた。後は、その日にICレコーダーに吹き込んだ記録を家に帰って書き起こすことになる。その用紙は、太田川工事事務所がつくっている太田川の地図を利用させてもらいコピーし、土手の外にある家並みの部分など不要なものは切り取って、記録を書き込むのに便利な白地図にしたものを使った。行動経路なども楽々と書き込むことが出来た。

河原も姿を変える

300メートル地点に座るといっても、そこは川のほぼ真ん中である。川の様子は変わりやすい。私はただこの自然、或いは環境と言うべきものに従ってきた。300メートル・ポイントを含め遠くからの観察は7年間続いた。次にそのポイントに渡れなくなった時点で、陸地側に移動するしかなくなった。そして、観察しやすさなどの点で、やむなく250メートル・ポイントに移りそこに石を積んで腰掛石にした。そこは石ころのただの河原だった地面に土が重なり草の生い茂るところになっていたが、その草むらに紛れて、6年間観察を続けた。

私はそこからヤマセミを観ながら、河原に草木が茂り、その環境が保たれると姿を見せはじめる生きものたちの動静を肌で感じることになった。この川辺のヤマセミが棲む環境を日々体験しながら観察をしたのである。ここで観察地点の移動を記録にとどめておこう。

1）250メートル・ポイント

2005年に観察を始めてから5年間この距離でヤマセミを観た。そして、ちょっと空白期間を挟んで2013年秋から2018年夏まで少し離れたところの新しいポイントを6年間使った。ただし、この250メートル地点の新しいポイントも、固定はしていなかった。もう1つちょっと高い場所を探し予備の腰掛石を作ってあった。10メートルかそこらの移動であるが、増水時には役に立った。ここは水際で絶えず増える水かさに気を使う必要があった。それで、18年夏の大増水で河原は根こそぎ削り取られたが、また新たな河原が現れ、また何とか元の地点にも渡れるようになった。そこに新たな腰掛石をこしらえたのである。

2）300メートル・ポイント

2010年7月からこの川の中央部に位置するごく小さい中洲の先端で観察。2012年7月まで2年間続いたが、2012年7月の増水でそこが島のように切り離され、渡れなくなる。そこでまた250メートル地点に戻り、観察の環境を整えた。

この300メートル・ポイントとヤマセミたちの関係を最近の例を使って簡単にここで説明しておこう。彼らがそこに座り込んでいる私にどのように反応するかである。

その日は朝10時ごろ河原に出た。2019年1月15日である。

その時雄は川上の高い柳の木に止って少し大きめの声でキョッ、キョッと鳴いた。これは普通の自分がここにいるぞという静かな鳴き方ではない。人が来たので警戒していたのだ。しばらくして彼はその近くで枝移りをしていたが、下ってきた。彼らの活動中心地から約200メートルのところまで来ると倒れ掛かった細い木に止った。私まで約100メートルのところである。約5分そこに静かに身をさらしたところで、また川上

Ⅱの④　250メートル・ポイントから見たヤマセミの縄張り全景

に帰って行った。
個体差はあるが、歴代の雄はよくこのように見張に出てきた。私が大抵そこに座っていることは認知済みであろうと思うが、彼ら、特に雄が近くまで飛んできて私を見張る。雌も飛んでは来るが、すぐにＵターンして中洲に向かい約150メートル離れた地点の高い柳の木から私を見守るのだ。そこだと私の存在は問題にならないようだが、彼らはその縄張りを主張しに出てくるのである。
ただ、付け加えておくと、自然の力だけでなく、人間の仕業にも従う必要があった。一人の中年過ぎの人は私がそこに座っているのが気に入らないようであった。全く見たこともない人だ。私の座っている水際は釣り人がたまに通るだけで普通人が来るようなところではなかった。その人は遠くの木のかげから私を観察していた。時にはナタを持ち木の枝を払うようなふりをしながら監視する。挨拶しようとすると逃げる。そして私がいない間に、腰掛石の石積みがバラバラにされ、上に渡してあった丸太が放り投げてあった。こんなことがある毎に私はアメリカの詩人Robert Frostの詩、'Mending Wall'（「垣根を直す」とでも訳そうか）を思い出し、この私の経験と比較しながら苦々しくも面白がったのである。その詩では、春になると隣りの土地との間に積んだ低い石垣が崩れていて、隣りの人と一緒に積み直しながら、「垣根が気にいらない何かがある」とその農夫は思うと語る。
この川辺の石積みの場合は、壊すのは人間である。「石積みが気にいらない何か」がその人の心の中にあり、崩したのだ。しかし、私は石を積み直し続けた。根負けしたのかその人の姿は消えた。そのうち河原の地面は増水で削られ、それと共に人間の思いも造化の流れに薄れていき、何事もなかったように川の流れがそこにあった。私はともかくヤマセミを観るのに忙しかった。

ここまであげてきた遠くと近くの2地点での観察はとても役に立った。朝の活動開始、夕方の活動終了、魚をとる場所の特定、巣穴ほりと休息、季節ごとの活動の移ろいなど、彼らの生活の全体像を理解するのにこれほど有難い環境はなかった。繰り返すと、私の観察の8割はこの遠い地点で行ったものである。

更に付け加えると、雨、風、雪にさらされながらもほぼ毎日そこに座り、ただじっと待つ行動は川の空気を吸い遠くを見つめ瞑想に近い時間を持つことにつながっていた。

2.　近くでそっと観る

はるか遠くから観ていると、ヤマセミたちの行動の節々でさらに細かく見定めたいという気持ちが湧き上がる。最初に出会ったあの止まり木には毎朝止ってくつろいでいる。その間に一体どんなことをつぶやいているのか知りたいのである。しかし、彼らの生活を乱すようなことはしたくない。どうしたらよいか大いに迷った。

文明の利器はいろいろある。既に述べたように、布製のハイドだってすぐに張ることはできる。しかし、ハイドはこの河原になじみのないものに違いない。その河原にあるものを使い、人間の気配をできるだけ消して、彼らに刺激を与えないようにしながら観察できるようにならないか思案した。

造化に従いながら、本当にゆるゆるとした歩みであった。相手に近づきながらも人間の気配を消すのはなかなか難しい。私なりに理想的というか、うまい具合に活動できるよう努力したが、何とか満足できた主に2つの例をあげておこう。

ゴミ山ハイドを思いつく

彼らお好みの止まり木から約40メートルのところの水際に1本の柳の木があり、根元から3本に分かれていた。その木にとても沢山のゴミがへばりついていることにある日気がついたのである。大水が出るとゴミの山が木の根元によくできる。この時は本当に大きな塊で、私がすっぽり入ってまだ余裕がありそうに見えた。ゴミといっても大部分は川上から流れてきた草の茎だ。しかもヨシの茎のように細く長いものが綺麗に横に並んでへばりついていた。止まり木観察には遠すぎず近すぎず何とか使えそうであった。

作業にかかったのは、彼らに最初に出会った2005年の秋で、使いはじめたのは次の2006年の2月であった。ゴミの山の中をそっとくりぬき前方に小さい覗き穴をあけるだけで、何とか恰好はついた。その山は草がからまってできているから意外と丈夫でいじっても崩れるようなことはなかった。仕上げは入り口をふさぐ工夫だけである。それで、ヤマセミも私も平静でいられるだろうと作業を進め、2カ月かけてようやく仕上げた。

彼らが気づかないはずはないのだが、出来る限り私は人間の気配を消し、彼らの生活の中心地、いわば居間というべきところでの振る舞いを観察し、その気持ちの内部を探りたかったのである。ここで私が工夫したハイド類にしても、次にのべていく水中の足場、土手の止まり木にしても、実験のためのものとは思っていない。ただ、結局のところヤマセミについてこんなものではないかという推論を続け、さらにそれを検証するのに役立つことになったのである。

2006年2月末からそのハイドの中に入った。消音装置のついた部屋に入ったような感覚があり安心して止まり木の観察ができた。ハイドの周りは水かさが増えても水が入ってこないように周りに土手をつくっていた。しかし、そこは砂地である。どんなことをしても水は沁み込んでくる。その度ごとに水をかきだしながら観察したが、かき出しても無駄であった。そんな時は水の中に足を突っ込んだまま中に座っていた。ただ、水際にあるから、増水には弱い。その年の9月には跡形もなく流され消えてしまった。

だから、ほんの7か月ばかりしか使えなかったが、繁殖期を通じその止まり木の果たす役割はそれ以後の観察の土台となるものであった。それと共にその雄と雌の性格の違い、それぞれの置かれた状況を知り、その他のつがいと比較することによってこの地のヤマセミの雄と雌がどのように生きているか、個々のヤマセミはどのようなものであるのか私の思いを少しずつでも確かめていく道を作ってくれたように思う。

土の穴にもぐる

ゴミ山ハイドはその心棒の柳の木ごと消えてしまったので、その代わりになるものを考える必要があった。ともかく身を隠す算段をしなければならない。そこで、ゴミ山ハイドがあった場所のすぐ近くに穴を掘ってそこにもぐることにした。選んだところは、ゴミ山ハイドがあった水際より3メートルばかり高い地面である。普通の増水で水につかる心配はなかった。先のハイドが消えたのは2007年9月。間もなく作業にかかった。彼らは9月には殆ど姿を消しているし、普通の年は10月末に出現しても一週間もまたいなくなることがある。そんな時期を狙ってどんどん掘り進んだ。中に入っても頭が出ないくらいに掘り、次には長く座るための腰掛のような段差を作ってあった。はたから見れば、何ともばかばかしいことであろうが、私は大まじめに取り組んだのである。

その場所の利点というと、そこは少しくぼんでいて、詳しく言うと周りの地面より1メートルは落ち込んでいた。だからそこに作った穴に入ろうと川下から近づいても殆ど止まり木に止っているヤマセミから見られることはなかった。それに途中は草深いので、いっそうこちらの姿を隠すことが出来た。ただし多少草を刈らないと歩きづらかったのである。それから、穴といっても竪穴だから、仕上げに穴にふたをしないといけない。近くの若いクワの木の細い枝を切ってきて格子状に組み上げ、ドーム状のカーブをつけた。それを穴にかぶせ、その上に草をおけばまるで姿を消せるのである。

姿は消せても、舟に来るヤマセミを観なければ何もならない。それで、土の中に細いトンネルを掘った。これはなかなかの難事業であったが、ともかく見えるようになった。

2008年10月2日の日誌に次のような記述がある。「穴に入り屋根を閉めると世界は一変した。虫たちの声が頭の周りに集まる。何よりコオロギの声は耳元からガンガン響き、近くに立つ第１柳の枝に来たのだろうヤマセミのキョッ、キョッといういつもの落ち着いた静かな声が頭の上から届く。私は彼らの世界に少しは近づけたのではないかと思った。」

ゴミ山ハイドは防音効果が良すぎて、まるでこの世から隔離された雰囲気であったが、今度の穴ぐらハイドの中に入ってみると、全く違った。頭上を軽く草で葺いただけだから当然であった。

もはや、そこはヤマセミの世界である。ヤマセミが見る風景がそこに広がり、虫の声、草が風にそよぐ音、川の流れの音もひっくるめて、私がそれまで想像もしていなかった新しい世界がそこにあった。彼らはこれらすべてを知覚し、感情を働かせ、意志をその行動に込めながら、この世界で生きていることを私は実感するに及んだのである。

なぜこんな穴ぐらに入ることにしたのか。それはゴミ山ハイドと止まり木との組み合わせと同様に観察には欠かせないものであったからである。私のヤマセミ観察の原点は、最初の止まり木の事件にあった。それからもその止まり木に止るつがいの様子に従って私は動いた。300メートル・ポイントから観ていると彼らは岸辺につながれた舟もお気に入りだった。

ただ、雄と雌ではその舟の使い方がかなり違う。更に近づいて観たいと思うようになっていった。雌は舟の舷側のようなところによくやって来ている。止まり木と違い背景にびっしり木々の葉があるわけでなく、隠れるところがないとても開けたところと言うしかない。そこで雌は水浴をした後ゆったりと羽繕いをしたり、時には、葉っぱ遊びをしたりする。それに比べ雄は止まり木にこだわっているようで、やって来ることはあってもすぐに戻っていく。

その辺りの事情を詳しく見比べてみたかったので、300メートル・ポイントから観ていて適当とみたらその翌日にはこの穴ぐらに入った。

ただ問題は、舟は繋がれていても風で動く、その日の水かさによって舟の高さが違う。それで肝心の彼らの振る舞いがよく見えなくなる。私としては、足先の表情まで見たいのである。これは運試しであった。駄目な日は、目の前に位置する舟べりの陰に入り、もう片方に止ったヤマセミの頭しか見えないことはしばしば起こった。

それに、冬場は舟じたいを乾かすために舟が陸にあげられる。彼らは遊ぶところがなくなり宙ぶらりんになるのである。何とかしないといけなかった。

結局、舟のある近くの水中に適当な足場を作ることになってしまった。人間の気配を消す工夫と彼らヤマセミたちの活動の拠点づくりは、私のヤマセミ観察に必要な1セットとなっていた。

水中に足場をつくる

とりかかったのは2007年の11月末、水は冷たいがそんなことは言っておられなかった。舟があった場所に近く舟の出入りの邪魔にならないようなところを選び、石を集め少しずつ積んだ。大きな石が必要で、遠くからも1つずつ運んだ。1番上にはどうしても丸太を置きたかった。彼らは木質の感触が好きであろうことは理解していた。舟でも、平らな板の部分が特にいいかと思いきや、意外に細い舟べりを使うことが多いのだ。足場には足でつかむ感触のあるものと思い太めの丸太を置くことに決めていた。そこでまず手近なところからと思ったら、すぐ側の水底に直径25センチメートル長さ約1メートルの丸太が埋まっていたのである。

この最初の足場は、約1週間で仕上げたが、ヤマセミたちは確実に私の作業を見て知っていた。それにも拘らず、完成して3日目で雌はこの足場を何の警戒する様子もなく使ったのには驚いた。このようにこの雌（おマツ）は人工物にもすぐ慣れて受け入れるところがあった。そこが、川面を飛ぶ高さに近いの

Ⅱの⑤　陸にあげられた舟と水中の足場（2008.1.15）

でごく自然に止れるしこの縄張りは全て見渡せる。それに巣穴も見守れるうってつけの場所に違いなかった。ただ余りに開放的で、初め雄のトシイエはちょっと近づくのを控えるところがあった。

この丸太そのものは、しばらくして流されてしまったが、その都度河原をうろついて代わりを探した。代わる代わる使った丸太は本当に役に立った。時間がたつと雄の方もここにやって来るようになり、第Ⅲ章以下で述べるように、つがいのやり取りをそこで見せくれたのである。

この舞台に関連して、もう一つの道具の使用も説明しておこう。これは文明の利器というもので、カメラを無線で操作するものである。この機械は相当昔に買っておいたニコンのもので、「トランスミッター MW－2」といった名前がついていた。1キロ離れたところに置いてあるカメラのシャッターを切ることができるちょっとした道具であった。ここで役に立つとは思ってもいなかった。朝暗いうちにこの足場の近くにカメラをセットして帰って来、明るくなってから、300 メートル地点に座り、望遠鏡を覗きながら撮影が出来たのである。無人撮影という手もあるが、私としては、自分の目で見て確かめながら撮影することを優先したいのである。

8倍の双眼鏡と 60 倍にした望遠鏡、三脚にカメラ、何本かのレンズ、それにこのトランスミッター、更に IC レコーダーが私の観察のための道具であった。これらを組み合わせた観察も、2011 年6月の大増水で穴ぐらハイドは跡形もなくなり、続行不能に陥って途方に暮れることになった。その後の約2年間は殆ど 300 メートル地点からの観察に頼ることになり、約2

年後に本格的に使わせてもらう舟小屋の助けを時々借りた。

人工の止まり木を作る

止まり木を人工的に作るなどふざけている、自然に反すると言われても仕方がなかった。それは覚悟していた。ただ私としては、それまでの足場の続きを是非とも復活させたかった。大増水で問題の舟は沈んでしまい、足場も破壊されたのだった。いつもながら、自然界で物事が同じ状態であり続けることなどあり得ないのである。

ヤマセミたちが戸惑っていたのは手に取るようにわかった。足場もない、舟もない、あるのは舟があった近くの土手に生えたごく細く約1メートル半ばかりの高さの木（ウルシの類）だけで、そこを止まり木にしようとするのが見えていた。しかしそれはあまりに頼りない。それで私は何とか応えようとしたのである。

その木は彼らの飛ぶルートの中継点として最もふさわしそうな場所であった。実際雌のおハルがよく使っていた。このおハルは2013年の早春に現われた新しいつがいの雌である。雄はナリマサ。以前のつがいと同様に大河ドラマに登場する武将とその妻の名を借りている。

2014年3月16日、時期が時期だけに急いだ。近くで見つけた長さ2メートル半ばかりで直径約10センチメートルの木を川に向けて差し出すように土手に埋めた。驚いたことに、翌日の3月17日には、雌のおハルが全く違和感なくこの新しい止まり木を使ってくれた。これは腐りやすい木だったので、その後何本も必要になった。河原のあちこちを歩いて、腐りにくい

Ⅱの⑥　最初の人工の止まり木（2014.3.28）

流木を探して来ては試すことを続けることになった。

画像（Ⅱの⑥）の説明をしておこう。ここでの最初の撮影である。暗いうちにカメラを彼らから10メートルのところに隠し、舟小屋を借りて無線操縦で撮った。2014年3月28日。時期としては、抱卵に入るのだが、2010年ごろから4月中旬にずれる傾向があった。

3月28日朝6時50分、雌のおハルが一羽で止まり木に来た。7時26分になっておハルが大声で鳴きだした。雄のナリマサが止まり木に向かって飛んできたのだ。歓迎する時の大声のキャラキャラキャラがあたりに響いた。すぐにお互いに向きあったり、威嚇しあったりしている様子がありありと見えたが、そのうちおハルはこんな風にちぢこまって座り込んだ。

この朝ナリマサは此処へ3度も飛んできてはおハルに強くアピールしていた。その間中おハルはこの止まり木にいたのである。おハルはこの時反抗はせず、雄のアピールにかしこまってはいるが、まるで耳を貸さない様子であった。解釈すると、ナリマサはおハルを巣に向かわせたい。しかし、おハルは、どの雌にも共通しているが、この抱卵直前にとても不活発になっていたようである。

8時2分になっておハルはやっとという感じで巣に向かって飛び、ナリマサはしばらくこの止まり木に留まっていた。この時期のこれに類した雄と雌のやり取りは、次の第Ⅲ章の内容につながっている。

止まり木をつくってから彼らの朝の出現ルートは変わってまずこの止まり木に止るようになった。次に、観察場所である。そこから丁度40メートルのところに、以前から、漁具を置くごく小さな小屋があった。これは、川魚の漁をする人のもので、観察のために使わせてもらえることになった。

ここでも、それまで通り暗いうちに小屋に潜り込み、彼らの出現を待つことを繰りかえした。既に元々の自然の止まり木は2008年ごろに枯れて倒れ、新たに私がつくった止まり木は朝やって来てまず休息する場所になった。巣穴補修に向かう足場であり、そして雛に魚を運ぶ時に一度止るところにもなった。つまり彼らつがいの生活の中心にあったのである。止まり木は2014年3月終わりから2017年6月初めまで使ったところで大増水に見まわれ、小屋も、止まり木もほとんど壊滅状態に陥ってしまった。2019年4月になってもまだ半分も修復できていない。

3. ヤマセミの食べ物を探る

ペレットを拾う

途中観察は中だるみしたこともあるが、これまで13年間ヤマセミと向き合ってきた。その間中彼らが何を食べているのか気になっていた。最初の出会いの時にハイドを張っていた場所には短い草が生えていて、その上に何個もペレットが落ちているのを数日後に見つけた。草がクッションになって、そこにヤマセミたちが落としたペレットは割れることなく元の綺麗な形を保っていた。ハイドを張ったすぐ側なのだ。またもやそんなところにハイドを張った自分が注意散漫だったことを反省したと共に、そこで彼らが相当に長い時間を過ごすのだということを実感したのである。

というのは、そんなに度々ペレットを吐くのではないからである。こんなに長年ヤマセミを見ていても、吐き出すところを見る機会は限られるが、それはこんな具合に始まる。じっと枝に止っていて、何か首を上に伸ばし頭を少し後ろにそらし気味にし、大口を開けて人間でいえば、アーオ、アーオ、アーオと声を出すように喉を震わせる仕草をしだすと喉が膨らみググッと口の奥にゆっくりとペレットが顔を出す。後はそれをモグ、モグと口を動かして押し出し、ポトンと落とすだけである。実に何でもないが、タイミングが良くないと見られないのだ。

勿論毎日ペレットがあるかどうかを確かめに出向くのは避けた。出来るだけ彼らの活動域の中に入らないように気をつけていた。ただ、300メートル地点から見ていると、彼らは夕方には、通勤者のように川上に帰っていく。それで毎日ではないが夕方遅くその止まり木の下の草むらを見に行った。ペレットが落ちていないことはほぼなかった。吐き出してから時間がたつと草の上に落ちた魚の骨の白さが目立つ。

しかし、時には落ちて間もないものが目の前にある時がある。思わずひざまずいて目をぐっと近づけ見つめてしまう。それほど美しいのだ。魚の骨が白ではなく全体が濡れて瑪瑙の細かい細工物のような色合いに輝き、宝石のように見えるのである。夕方の淡い日の光をあびている時など、もう格別な雰囲気を発揮する。それに、そのペレットがヤマセミの体の温もりを伝えてくれているようでもあった。私はコレクターではないと自覚しているが、それでも抵抗できない。そっと持ち上げ持って帰るのであった。

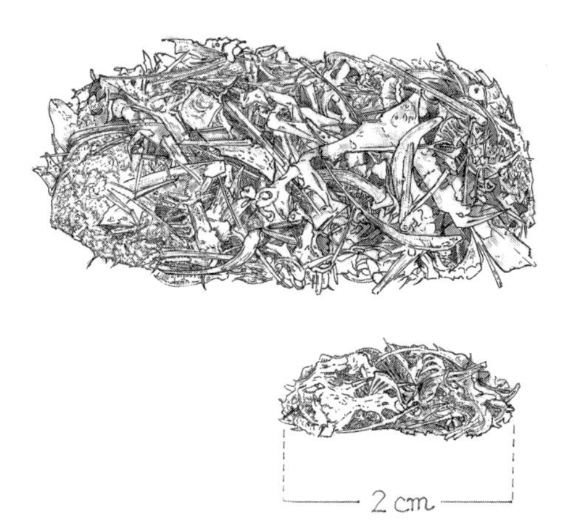

Ⅱの⑦　ヤマセミとカワセミのペレットを並べてみた

これまで拾った数は140個余り（2005～2009年)、その中身は殆どが魚であるが、2月3月ごろには小さなカニの殻が入っていることもあった。それに1度だけ、灰色の短い毛の生えた皮らしきものが混じっていた。

ペレットの平均的大きさは3.1×2.3センチ、重さは1.0グラムくらい、これまでの最大は5.9×2.1センチだった。参考のために並べたカワセミのペレットの長さは2.1センチであった。これらのペレットは、10月末から11月中旬ごろのある日急に止まり木の下を飾りはじめ、4月上旬に抱卵が始まると同時にスッとなくなる。止まり木に長時間止ることはなくなるからである。

家に持ち帰ったものは、集めやすい形のくずれていないものであった。というのは、古いとカラカラに乾いてそっとさわってもくずれてしまうからである。そっと拾ってカメラのフィルムが入ってくるプラスティック・ケースに1つずつ入れた。そんなもの何の役にたつのだと言われながらできる限り集めた。

これで魚の種類がすぐに分かるわけではない。魚を獲って食べる現場を見ることは多いが、種類が分かるくらいに近くで見ること、更に写真に撮る機会がなかなかなかった。写真に撮っても叩きつけられると形がくずれるので、種類の判別ができそうな角度でとらえるのは難しく、この13年間で何とか使えそうなものはせいぜい20枚ほどしかない。彼らはアユなどの遊泳魚を獲ることが多く、これは目で見ても何とか判別できる場合があるが、それ以外の遊泳魚の判別は難しく、その他の底生魚に至ってはお手上げであった。それで、撮った写真の1部について知り合いで魚に詳しい佐藤淳氏に同定をお願いした。

その結果は次のようである。

アユ、ウグイ、ハス、それに、カジカ、ヌマチチブ、ウキゴリ、が確認された。その他、オイカワ、カワムツなどが含まれているようであるが、ヤマセミにくわえられ枝に打ち付けられたりして変形している場合が多く、しばしば断定できないことがあった。

私自身の経験では、ヤマセミが獲る魚は遊泳魚と言われるものが多いようであるが、年により底生魚が断然多い年もあり、いまだその理由が分からない。

4.　飛ぶ姿は意識の「小舟」だ

ここで簡単に彼らの飛び方について述べておこう。3つの特徴的な飛行の仕方がある。

イ）　ごく普通の場合
ロ）　空高く舞い飛ぶ場合
ハ）　主に滑空を交えたもの

イ）のごく普通の場合とは、例えば高い木から次の離れた木に移動する場合が典型的である。1度低くダイブするように木から下り水面上約1－2メートルのところを一直線に上下動せずに飛ぶ。木に止る際にはグイッと翼を広げ滑るように上昇し高い枝に上がる。

この通常の飛び方がどのくらいの速度であるか計れる機会が

時にある。私の座っているそばを通り元々の止まり木まで飛ぶのに15秒である。そこまでの距離は約300メートルであるから、およそ時速70キロメートルで飛んでいるようであった。

ただ、普通の飛び方といってもいろいろである。例えば、見張りの木、第1柳の高い枝から巣まで、横に一直線に飛ぶかと思ったら、そのおよそ高さ12メートルの枝から落下するようにダイブし、地上すれすれまで下りたところでグイッと体勢を立て直し、翼をいっぱいに広げて上昇力をかせぎ後はほぼ惰力で巣穴まで届いたり、川を低く飛んできて地上すれすれに作ってある止まり木に1度止ってから、羽ばたいて巣穴まで上昇したり、何処にも邪魔する人間、釣り人がいなくても、変化に富んでいると思わせられる、と同時に特に滑空して第1柳に上がったり、そこからダイブして下りる時の様子には、彼らは飛ぶことに楽しみを見出していると感じられる時がある。

ロ）は、主に秋と春に見られるものである。秋10月末のころ、彼らがこの観察地に出て活動をはじめようとする時、いつもより勢い良く飛び回る。この私の目の届く範囲（200メートル×150メートルの広さの空間）を2羽で大きく高く（約5，60メートルの高さ）舞い飛ぶのである。そんなに長時間ではないが、数回大きく飛び回って下りてくる。私の座っている300メートル・ポイントと呼んでいるところの頭上までその舞はおよぶ。それ故、半ば威嚇のディスプレイを兼ねたハネムーン・フライトの要素を含むものとみている。その飛行の範囲は、先にあげた250メートルからの光景図からはみ出るくらいのものであった。

ハ）は、この観察地に広い水面が広がっているのでよく観察できたものであろう。元来滑空をするのに快感を抱いていると見られるが、それに後押しされ、つがいの２羽が活動の喜びを共有しようとシンクロした飛行を見せる現象に結実しているようである。それに釣り人に威嚇を試みる際に多用する飛び方にもつながっているのである（第Ⅳ章で詳しく述べる）。

これを儀式的なものにまで高めた滑空飛行を特に注目しておきたい。これには水中にダイブをする行動が組み合わされる。この行動についても、第Ⅳ章で詳しく述べる予定である。

もう１つハヤブサに対する反応の仕方を取り上げておこう。ヤマセミたちの行動は相手に対する理解、相手の現在の状況、相手の次の行動に対する予測、そして予測に基づく自分の反応の能力の自覚を示しているようであった。

この私の観察地での経験であるが、ヤマセミたちは猛禽類をそれほど恐れているようには見えなかった。この小さな柳林にノスリが１冬滞在した時ヤマセミたちはいつも通りに行動していた。フクロウが２羽冬の間ここで過ごした時も問題は起こらなかった。ただ、フクロウが朝この林から出ていくとき、彼らの止まり木ギリギリのところを通るので、その時は大声で叫んで止まり木を下り衝突を避けた。

その他、オオタカが70メートルばかりのところでコサギを襲って飛び回っていてもただ止まり木で見ているだけであった。ハヤブサに対しても同様で、近くで狩りをする姿を追って上をチラチラと見上げるだけで、特別な反応は示さない。

そんなヤマセミのつがいがハヤブサに対し見事に肩透かしを食らわしたことがあった。2008年11月２日午前８時45分からそのやり取りは始まった。ヤマセミのつがい、雄のトシイエと雌おマツは水中の足場でくつろいでおり、私はずっと下手の腰掛石に座っていた。その間の距離は約200メートル。つがいの左手の上空に1羽のハヤブサが現れ、ゆっくりと川を下ってくるとグイッと降下し、ヤマセミたちの下手約200メートルのところの水面より約3メートルの高さのところに位置をとった。照準を合わせたという感じで真っ直ぐヤマセミたちに向かいだした。しかし、何故か急いでいないのだ。

この辺りで、ハヤブサの思惑が感じとれた。わざわざ川下側に回ったこと、飛ぶスピードを上げるわけではないなど本気ではない気配があふれていたというべきだろう。それをヤマセミたちはよく理解していたようであった。ハヤブサが100メートルまで近づいて少し気にしだしただけで、特に緊張したり、鳴き叫んだりしなかった。約50メートルまで行ってもヤマセミたちは動こうとしない、特に逃げる体勢にもなっていない。どうするのか気をもんで見つめた。あと約10メートルいよいよつかみかかるぞという時、雌のおマツはすぐ側の水の中にボチャンと飛び込んだ。そして、雄のトシイエは川上約50メートルにある休息の林に飛んだ。追いつかれないかと心配したが何事もなく、ハヤブサはその後を飛んだだけでずっと川上の河原に下りた。おマツはすぐに足場の隣にある舟にあがった。

彼らは、この事件で相手のハヤブサの状況を的確に理解し判断を下す力、自分の行動能力に対する認識、そしてそれにもとづく行動の実践力をいかんなく発揮していたと考えられるのである。

付表：ヤマセミの観察を支えた主な事柄

最後に、太田川のこの私の観察地で2005年から2018年まで観察を支えた主な事柄をまとめておこう。

身を隠すもの	ヤマセミの「舞台」	つがいの名前
ゴミ山ハイド (2006-2006)	自然の止まり木 (2005-2008)	
	舟 (2006-2011)	雄のトシイエと雌のおマツ (2007-2011)
穴ぐらハイド (2007-2010)	水中の人工足場 (2007-2011)	
舟小屋 (2013-2017)	人工の止まり木 (2014-2017)	雄のナリマサと雌のおハル (2013-2014)

つがいに関しては、集中して観察を続けられた年をあげておいた。

第Ⅲ章　ヤマセミの雄と雌
――頼り合い支え合う――

1.　朝ヤマセミが出現するころ

雌がにじり寄る

白々と夜が明けていった。穴ぐらハイドの中に座った私の前方には覗き穴を通していつもの通り舟が浮かんでおり、わずかな風でその船尾はジワッと動いた。2007年11月25日の朝6時40分のことである。それから2時間後、この舟は彼らの活動の舞台となった。

この絵（Ⅲの①）のように左端の雄トシイエに向かって雌のおマツがにじり寄っている。

Ⅲの①　雌が雄ににじり寄る

この舟の上での雄と雌のやり取りは、私が穴ぐらハイドに入ったすぐ後からその気配を見せ始めていたのだ。おマツがまず舟に来た。しかし雄のトシイエが来ない。おマツはキキキキ……と大声を上げ飛び回り、舟に戻り、またトシイエが来るはずの川上に飛んだりしたが、遅れてきたトシイエは止まり木の方に行った。大声で鳴くのはおマツばかりであった。

トシイエは、舟に来るのを避けたに違いないと私は考えた。この一連の騒ぎはこの朝の舟の上で展開されたもめ事の「前触れ」であったようだ。私が穴ぐらハイドに座って10分後にトシイエが止まり木に来て、次におマツが現れキキキキ……と鳴きながらトシイエのすぐ脇に止った。この時からもめ事はぐっと良く見える形になった。トシイエは少し後ずさりをして黙っている。おマツはキキキキ……と大きな声で鳴いていた。トシイエが後ずさりすること、おマツが鳴きつづけることなど、彼らは雄と雌の思いの違いを見せつけていた。すぐ側で鳴かれるとそこから逃げ出したいのであろう、トシイエはあちこちと飛んだ。それを追うようにおマツは飛びまわる。騒がしいのである。

結局、時間がたってこの絵（Ⅲの①）の態勢に落ち着いた。8時42分になっていた。落ち着いたといっても、おマツはキキキ……と鳴きにじり寄りを始めるのである。すぐ目の前で展開する彼らの振る舞いは私にとってかなりの衝撃であった。鳥というもの、ヤマセミという生きものの現実を見せつけられ、ヤマセミの世界に引き込まれてしまったのである。突然この観察地のヤマセミ像を頭に叩き込まれたというべきであろう。ちょっとまとめておこう。

この朝、このつがいの2羽はそろって出てきた。このそろってということ自体、2羽の調子がそろっていることを示していた。大抵は10分や20分出現の時間差があるからである。止まり木の枝は3本あって、別々の枝に止り20分ほどゆったり過ごすのが普通の風景なのだが、この日雌は、わざわざという方がいいだろう、雄のすぐ脇に止った。これは雌のサインと私は解釈している。雌がそこで鳴く，雄はすぐにも巣の穴掘りに向かわなければならないところに追い込まれる。このような行動にでるのは雌本来の行動の仕方で、雌はそのように生まれついているのではないかと思うようになった。

この日の舟での出来事に至るまでの早朝の雌の振る舞いをさらに細かく追ってみよう。雌が止まり木の雄のすぐ脇に止った時、雄は雌を正面に見据えたままズルズルと枝の上で後ずさりをしたのである。これだけでも私には衝撃的な出来事である。私は目をこすって見直すのであった。これがまたもや舟の上で形を変え演じられることになった。私は雄と雌の関係に関する硬直した思いを打ち壊され一瞬うろたえたのである。

観察を続けていると、とうとうこの舟の場面となったのである。トシイエが舟の艫に降り立つと間もなくおマツが来て舟の真ん中あたりの船べりに止った。初めは知らん顔でそっぽを向いていたが、トシイエは少しずつ体を傾けた。おマツは約30秒かけて約10センチばかりジリジリとにじり寄りキキキキ……と大声で叫ぶ。トシイエの体がだんだん傾く。トシイエの左足の一本の爪は舟の板からもう外れている。それから間もなくトシイエは飛びたち巣に向かった。

トシイエは何処から見ても嫌がっている。巣穴ほりに向かう仕事があるということは認識している。しかしすぐには動きたくない。ところがおマツがやかましく迫るので止むなく巣に向かった。このような一連の状況を私は見ていたといってよいだろう。

秋の活動がはじまったばかりのころである。つがいの2羽は歩調を合わせてこの観察地に出てくる。そしてすぐさま巣穴ほりにかかろうと雌のおマツは意欲的で、しかも自分が率先して働くのではなく雄のトシイエに迫り働かせようとする。この雄雌のかかわり方がとてもよく分かる形で観察できたのであった。

この年のこの時期、彼らはこの観察地に朝出てきて2羽そろうと巣に向かい、よく2羽で巣穴に長い時間入っていることもあり、巣の補修に熱心にかかわっていたのである。例えばもう1つ同じつがいの典型的な連携した動きをあげてみよう。

2008年3月10日朝

10:23　トシイエはダイブした後第1柳に戻った。キョキョと鳴く。

10:27　川上側からおマツが飛んでき巣の近くの木に止った。それに反応してトシイエは盛んに首を上下にポンピングしだす。

10:28　トシイエは巣に飛んで入った。雌はそれをじっと見ていた。

10:30　おマツが飛んで巣に入った。2羽が一緒に入っていることになる。

10:33　おマツが巣を出て止まり木に下りてきた。
10:41　トシイエも巣を出た。そこから巣を見上げることになる。祈るようにじっと見上げるのである。

この時期になると、彼らはつがいの間で微妙な連係動作をするようになっているのだ。雌がきっかけをつくり、それに反応して雄が巣の補修に向かう様子がそこにあった。

最初にあげた舟の場面から4カ月もかけてこんな連係が成り立つことをよく承知している観察者としての私ではあるが、「何もそこまでして雄を働かさなくてもよいだろうに」とぶつぶつ独り言を言ったのを思い出す。

このにじり寄りの現象は2007-2008年のシーズンまで気づいたことはなかった。この年初めて見届けたものであったが、実は約一月前、彼らが最初に秋の活動をはじめた日の朝に既に類似の行動を見ていた。その日も舟が舞台である。すぐ近くで魚を獲ったトシイエが舟の舷側に止りその魚を食べた。反対の舷側に来た雌のおマツはトシイエの側に移り身をすり寄せるようにした。

これを見た私はたまげたのである。雌がすり寄るとは何事かということである。そんな情緒的な身のこなしを鳥がするものかと驚いたのである。その3月10日は、ずっと下がって300メートル地点から見ていた。遠くても既に識別は確実にできていた。けれども、私は動揺してしまった。雌がすり寄るのかと何度も繰りかえし考えた。自信がなくなりかけたが、どう見てもすり寄ったのはおマツだ。トシイエの方はすぐに前方の止まり木に飛び、それを追っておマツも止まり木の別の枝に止った。そしてトシイエは逃げるように中洲に向かったのである。

このような2羽のやり取りは春の3月まで続いた。時にはしかりつけるようにおマツに向ってにらみを利かせることはあっても大抵はおマツに迫られる状況が続くのである。

祈りのポーズ

これは彼らが朝この観察地に出てくるとよくするポーズである。繁殖期間をとおして昼間でも雄も雌もじっと動かず上を見上げる。巣を見上げる時の姿勢なのである。殆どの場合、巣は高いところにあるので、水面近くで活動する彼らは見上げることになる。自然とこの姿勢になるといえばよいだろう。

観察を始めたころ、はじめてこのような姿を見ても、連続した行動の1コマのように映りあまり記憶に残らなかった。止まり木でも、もっと巣に近い木でも、じっと見上げる姿にしばしば出会いながら、なんとなく時を過ごしてしまっていた。

しかし、水中の足場は役に立った。彼らにも私にも非常に役に立ったと言ってもよいだろう。目からうろこが落ちる効果をもたらしたのである。足場の上にのせた太い丸太は彼らの活動のまさに舞台となった。この足場に朝やって来てはそこで巣の方を見上げ動かなくなるのである。特に雄は熱心に見上げる度合いが高かった。私はその姿勢をどうしても「祈りのポーズ」と呼ぶしかなくなっていった。

Ⅲの②　２羽でポーズ。雌が尾を立てて雄に迫る（7:21a.m.）

この祈りのポーズは秋の活動の初め、10月末から始まり、年を越して2月に入るころから3月にかけて特に目立つ。次の絵は2008年2月10日に見た朝の一連の行動である。その朝の活動について挿絵を交えてみて行こう。

彼らはじっと巣を見上げている。この先に控える長い繁殖活動の重みを想定しているとは言えないにしても、少なくともこの時点では巣作りについて異常と言ってもよいくらいに集中している。その思いがこのポーズにみなぎっているのである。彼らは次の仕事、巣穴を掘るか補修することに食い違う意気込みを抱いている。それがこのような舞台での振る舞いになって表れていると私は見ている。一種のディスプレイであると言ってもいいだろう。

彼らは巣作りという仕事を「考えている」。彼らは生きものである。その持って生まれた巣を作りたくなる内的な欲求がそのような姿勢を生み出したと私は考えたのである。

上の絵（Ⅲの②）の説明をしよう。この朝は、7時21分にこの足場の丸太にやって来た。すぐさまおマツは左の端からじりじりと右端のトシイエににじり寄りだした。おマツはピンと尾をあげとても感情が高まっている様子である。この時から6分間おマツは左端に戻ったりまたジリジリとトシイエに迫ったりを続けた。おマツの感情の高まりはトシイエにも伝わり、何度も2羽同時に尾をピンとあげる場面があった。

この絵（Ⅲの②）の直後、2羽はお互いの思いの違いを乗り越えたらしい。雌からみれば相手への強い欲求、雄からすれば嫌悪感を乗り越え、ただ一心に巣の方を見上げる典型的な祈りのポーズをして見せた（Ⅲの③）。

しかし、トシイエは自分の後ろにしきりに迫られるのを嫌ったらしい。この丸太の反対側（Ⅲの④に示した通り画面の左側）に移った。

実はこの丸太では1番右、つまり1番巣に近いところがトシイエの定席で、左の端におマツが立つのが何時もの風景であった。それだけトシイエの巣に対する思いは強く、うるさく迫られるのは「腹立たしい」という状況にあったと言っていいだろ

Ⅲの③　２羽で一心にポーズ（7:27a.m.）

う。トシイエは自分が達成しようとしている仕事をよく認知していた。それなのに更にうるさくその仕事をするように迫っていることも認知していると私は解釈している。おマツを嫌がっていたことは明らかである。

この２羽でポーズをした直後おマツは止まり木に飛んだ。しばらく離れたままキョッ、キョッと静かに語り合っているように見えた。しかし、彼らの間の思いは食い違っていた。止まり木はそのころ巣に向かう時にまず止るところであった。そこに飛び、また雄のところに戻り鳴きたてるのを繰りかえす。これは雄に巣に向かうよう促す懸命なアピールであろう。

トシイエは左端にトコトコと歩いて移動していた。本来のポーズもしないことを示している態度だと私は見た。しばらくしておマツがまた丸太に飛んできた。そしておマツは巣の方を向いて大声でキッキッキ……と鳴く。これなどは、いかにもこれ見よがしの行動ではないか。そこまでのおマツの行動からして、巣に向かうように迫っているとしか見えないのだ。おマツはそこで川下に飛びまた戻って巣の方に行った。次にまたおマツは丸太に来た。それに反応してトシイエは大声でキリキリキリ……と鳴く。そして背筋を伸ばして立っている。

姿といい、鳴き声といい激しく感情が高ぶっているようであった。それからトシイエは、右側にいるおマツに尻を向けたまま、つまり川向うに目をやりそっぽを向いたままであった。そして7時55分、トシイエは大声で叫びだした。おマツはポーズを止め、前を向いたまま少し服従の姿勢になっていた。その場面が次の絵（Ⅲの④）である。

トシイエは鬱積した怒りの感情を発散させようとしている模

Ⅲの④　トシイエが大声で叫ぶ（7:55a.m.）

様であった。おマツはこの場を離れたりしていたが、また丸太に戻った。トシイエはそれが気に入らなかったのか大声でキリキリキリ……と鳴き飛びあがった。おマツの頭上でホバリングしたまましばらく激しく威嚇。堪忍袋の緒が切れたと言わんばかりの激しさであった。8時16分になっていた。

この瞬間の写真はうまく捉えられなかったため、9日前、2月1日、8時28分に撮ったものを元に絵（Ⅲの⑤）を描いてもらった。これは土手にカメラを隠し穴ぐらハイド内から無線で撮ったもの。同じ足場を別の角度から狙ったものである。これは2月10日の感情の爆発と殆ど同じような2羽の間の行き違いの例である。トシイエは、この時期しばしばおマツに同じような感情の爆発をぶつけていた。次がその時の光景である。

彼らは日の出の時間をすぎると間もなく川上より出てくる。そして穴ぐらハイドの目の前の足場中心に活動した。早朝の約1時間半この足場は文字通り彼らの足場となり、そこから巣穴

Ⅲの⑤　トシイエの怒りの爆発（2008.2.1、8:28a.m.）

ほりに彼らは向かうのである。勿論、元々の朝の出発点である止まり木との間を行き来はするが、この年2008年の春、足場としての比重は大きくこの水中の足場に移っていた。今語ってきたその朝の出来事をもう一度概観してみよう。

丸太の上での雄雌のやり取り（2008年2月10日）

7:11　雌が先に丸太に着いて丸太の左端に立つ。約30秒遅れて雄が丸太に来た。

7:21　丸太の右端にいる雄に向かってジリジリとにじり寄っては元の位置に戻ることを繰りかえし始める。

7:27　2羽は一心に祈りのポーズをしだした。熱意に満ちた典型的な姿勢を示した。

7:28　雌は止まり木に飛んだ。雄は足場の同じ位置に立ったまま、2羽はキッ、キッ……と間をおいて静かに鳴き合う。雄がキッと鳴くと調子を合わすように雌がキッと鳴いた。

7:56　雌が飛んで戻り、それに反応して雄は大声でキリキリ……と鳴きすくっと立ちあがった。

8:16　雄はキリキリ……と激しく鳴いた。すぐ側に来た雌に腹を立てたのか、飛び上がり、絵のように雌の上でホバリングして雌を威嚇。雌は防戦に努めるだけだった。

8:27　雌は中州に飛んだりした後この足場に戻り、約5分ゆっくりと時間をかけて羽繕いをしていた。いつもの風景である。問題の雄に迫る行動がすむと、雌はゆっくりとこのようにくつろぐのである。この辺りで、この朝の活動は一区切りついたようである。

ナリマサとおハルの場合

参考のために、トシイエとは別のつがいの行動に触れておくことにしよう。2013年になって、この観察地には新しいつがい、雄のナリマサと雌のおハルが現われ、活動していた。3月4日朝7時17分、雌のおハルが巣から出るとそのまま川下に向けて飛んだ。第2柳にいたナリマサは、同調し川を下ってきた。いつもながらのシンクロナイズした飛び方で、2羽そろって私のそばを通り、約200メートル下り引き返してきた。そしてナリマサは第3柳に止り、そのすぐ側約60センチのところに止ると、ナリマサはそれを嫌がる素振りを示した。そしてすぐにパッと飛び上がると、おハルの目の前で面と向かって約5

秒間ホバリングをしてからその場を離れ、巣まで飛んだ。これなど、先に語ったトシイエの場合と同じ反応である。雌が巣に入る行動があって、それと雌が雄に強く迫る行動は強く結びついて、雄に巣に向かうよう強く迫るところは基本的には全く同じといって良いだろう。

雄の心・雌の心

私はここでも敢えて心という言葉を使っている。鳥という人間ではない生きものに心など情緒的な表現をしていいのか。それは科学的ではないと思われる方々もいるであろう。しかし、私はここのヤマセミたちを観ていて、鳥に関してというか人間以外の生きものに関して、もう少し柔軟に考えてみる必要があると考えはじめたのである。

ドナルド・R・グリフィンはその著書で、ライオンたちが群れで協力して狩りをする詳しい観察をしたことを語り、「……そのような状況では単純な意識的思考が行われているようだと考えて差し支えないのではないだろうか。」[1] とごく控えめに書いている。この広島の太田川に棲むヤマセミたちを観ていて、私は大いに納得したのである。

ここでトシイエとおマツの行動について考えていることをまとめておこう。

> 雌のおマツは、雄のトシイエに巣穴ほりに向かってほしいという欲求を表現する。それが何度も何度もにじり寄りを繰りかえす行動である。丸太と止まり木と巣の位置関係はすでに示してある。おマツは巣への途中にあるその止ま

り木に飛び移ること、さらにそこから巣の近くまで行って鳴き、そして丸太に帰ってくることもこの時期やってみせる。この行動は、丸太に立つトシイエにすべて見えている。見えていることは想定して行っていると見てよいのではないか。丸太の上でのにじり寄りは、ただのにじり寄りを越えてその時点では時間的にも空間的にも離れた事柄をすべてイメージしながら凝縮した行動になっている。雌のおマツは、止まり木に飛ぶこと、巣に向かうこと、巣に入り穴掘りをすること全てをこのにじり寄りにこめて、相手のトシイエに伝えようとしていると私は考えている。

一方雄のトシイエの方は、そのおマツの行動を理解し、というのは、おマツの抱いているであろうイメージを認知しながらも、それに直接答えることには相当な抵抗を示す。これは、屈折した心の有様が表面に現れたもののようだからである。

ここの雄は例外なく、雌のキッカケ作りに反応して巣穴ほりをしだすが、巣穴ほりはほぼ雄の仕事であり、暇があれば巣に入り穴の補修なりをしているから、相手のおマツからとやかくうるさく指図されることを嫌う傾向が強いと解釈できるだろう。

先の祈りのポーズで展開して見せたように、熱の入ったにじり寄りが一段落すると、おマツは充足され開放感に溢れる様子を見せる。ゆったりと羽繕いをしだす。これに類似した光景はほぼ毎日おマツがこの時期見せるものであった。

これが、ここのヤマセミの雄と雌の基本的な在り方だと言うことが出来るだろう。

1）ドナルド・R・グリフィン、『動物は何を考えているか』、渡辺政隆訳、1990年、どうぶつ社、p.127

2. 巣穴は誰がえらぶのか

ヤマセミを観ること・気を配ったこと

ヤマセミの雄と雌について語ってきた。「にじり寄り」という雌の行動に目を見張った経験に触れ、次にすべきことは、巣穴ほりのことである。しかし、これは微妙な問題を含んでいる。ヤマセミたちが最も神経をとがらせるであろう時期に彼らの生活を覗きこむのは避けるべきだという思いもある。

ただ、何もしなければ、ここで話題にしてきた雄と雌のかかわりについて話を進めるわけにはいかなくなる。ヤマセミに対する思いと、私自身の知りたいという思いをすり合わせ、観察の方法により細かい気遣いをして問題を切り抜けることにした。既に試みていた2つの観察方法の1つ、遠く300メートル離れた定点からの観察をより徹底した。ほぼ8割はそこから、残りの2割を彼らの活動中心地の近くからとした。その中心地に近づかないといけない時は、その時期よく現れる釣り人の振る舞いを取り入れ、いかにもたまたま通りかかった雰囲気で出来るだけ素早く穴ぐらハイドに入るなどした。釣り人というのは、大抵一人ずつだが、その人がどこまで近づいてどのように動くとヤマセミはどう反応するか、300メートル地点から見ていてよく知っていたから、近づく際はその知識を最大限に生かすべく行動したのである。

抱卵期、子育て期に私は巣に近づくことはなく、巣穴を近くで見守ることもなかった。初めのころは木々も邪魔にならずヤマセミたちが巣に出入りするところも300メートル地点からよく見えたのである。

遠く離れた300メートル地点からの観察が主であったが、彼らの個体識別は出来た。折に触れ重要だと思われる時は穴ぐらハイドに入って撮影した。それに彼らが巣を出ると中州のある特定の木に止ることが多い。そこは私の座っている300メートル地点から比較的近く100メートルも離れていないのでそこでも双眼鏡で確認できた。2013年ごろからは餌運びが始まると舟小屋に時々入って彼らの違いをより細かく確認する努力をした。

長い観察の間、彼らが巣を放棄したり、繁殖に失敗したりしたことはなかった。

雌のにじり寄りと巣の補修

このにじり寄りは、2007年秋から2008年春まで特に目立った。この雌の行動はよく目につくが、雄はそれにどのように反応するのか、雄と雌の巣作りへのかかわり方など、いわば役割分担がどのようになっているのか私は知りたかった。2007年から2009年まで丸2年間ほぼ切れ目なしに観察できたので、その観察記録を基に、彼らの生活を探ってみたい。

ここでもう1度彼らの生活についてまとめをしておくと、次のようになるであろう。

この観察地のヤマセミたちは、朝早くここに現れる。ここに年中いるのではない。彼らは川上遥かなところからやって来るらしいことは、2、3度その飛んで下って来るところを見て感じているが、何処から来るのか調べたことはなく、またその余裕もない。それ故私の知り得ることは限られている。ここでのヤマセミの活動は次の表に示すように秋口から始まった。9月中旬からその気配がある年もあるが、平年はこの表のように10月末に現れてすぐ活発な活動を見せる。

繁殖が順調にいけば、巣だち雛たちは7月いっぱいはここに留まることが多い。その後、10月末まで姿を消すのが普通である。

2007年秋から2008年春までの記録を表にしてみた。トシイエとおマツのつがいである。

ここで巣の補修という言葉を使っているのは、既にいくつもの巣穴があって、それらを手直しして使っているようなので、

表1　雌のにじり寄りとつがいの巣の補修（2007～2008）

	10月　11月　12月　1月　2月　3月	
巣の補修	10/23　11/7　12/10　12/15　1/26　2/15　2/23　3/31	抱卵開始 4/2 孵化 4/24 巣だち 5/28
雌のにじり寄り	10/23　11/2　11/25　1/30　2/2　2/23	
備考	2羽で巣に入る（10/25～11/7）　2羽で巣に入る（2/7～2/15） ディスプレイ・フライト盛ん（11/8～2/24）	

補修とした方が適当と思い、以下補修とすることにした。

左の表（表1）の説明にとりかかろう。補修欄の四角は、活動がとても活発であることを示し、下線部分は、1羽しか現れないか、或いは現れても補修にかからないなど不活発な状況を示す。また2月末から3月まで続く四角の部分では、2羽そろって活動はしているが、巣の補修はしなかった。

にじり寄りの欄では、典型的なもの、実際にはハイド前の水中の足場にセットした太い丸太の上でのもので、時間をかけて繰りかえし展開したにじり寄りに限った。というのは、この行動には類似の行動が沢山あり、例えば、雄が枝にいるとそのすぐ脇に雌が止るといったたぐいのもので、ほぼ例外なく、雄は雌が止ると同時に枝を離れるなど次の行動に移るので、にじり寄りと同様の雄へのアピールがあると解釈している。しかしこれは表に入りきらないので避けた。

備考欄にあげた2羽で巣に入る動作は、このつがいの協調した動きが最高の状態に符合する。表全体は、雌のにじり寄りが、雄に強いアピールとなり巣の補修をするよう促すことにつながっていると読むことが出来る。雌はそこから先は意識していないかもしれないが、そのにじり寄りが繁殖の成功につながると言ってよいのであろう。

備考欄には、ディスプレイ・フライトという行動を入れてあるが、彼らの繁殖活動のほぼ中心の期間、このつがいは、例えば巣穴から出ると、近くにいた相手が合流して川の水面近くを滑るように交差して飛ぶ。これはあまりになめらかで、氷上のスケーターがデュエットで滑っているかのような印象を与えるものである。この現象は次の第Ⅳ章でくわしく触れることにしよう。

このシーズンは、彼らの活動がうまくかみ合い、何の不都合もなく進んだ。4月2日には抱卵が始まったようであり、その後雛も無事巣だった。

ただ、これだけでは、巣を雌がえらぶという「仮説」を証明したことにはならないかもしれない。そこで、もう少し詳しく、雄と雌の行動を見比べてみようと思う。

雄の熱意

トシイエ、おマツのつがいが示す巣に対する強い思いは相当なものであり、「熱意」と呼ぶしかないほどの姿勢であった。穴ぐらハイドの目の前で展開する祈りのポーズを見れば一目瞭然であった。雄のトシイエは殆どの場合丸太の1番端、巣に1番近いところに立ってポーズをした。

そのトシイエの熱意から始めよう。2008年1月30日朝の例を取り上げてみる。2羽でディスプレイ・フライトをした後2羽そろって足場の丸太の上に下りた。それ故、2羽の協調は申し分なくこれ以上雌が雄にアピールする必要はないように見えた。しかしおマツは丸太の上でにじり寄りまた戻る動作を繰りかえした。いったんおマツはいつものように休息の林に隠れたが5分もするとまた丸太に来た。それからも何度もトシイエに迫っては休息の林に戻った。なんとその朝トシイエは67分間も祈りのポーズのままおマツがにじり寄るのに耐えたと言うべきであろう。

　　この現象は、雌の熱心さもあるが、雄の巣に対する執着を示している。そして、雌の再三の圧力にトシイエは抵抗しているのである。彼は、おマツの意図を理解し、それが何を意味しているのかよく認識しながら、自分の意志を通していたと考えられるのである。このようにトシイエが、おマツの要求に従わないことはほぼ毎日のように見られた。巣穴の補修は自分の仕事であることはよく分かっていて、彼は巣に向かい巣の補修をしたくてたまらない様子を示している。感情移入と言われかねないが、それ以上はおマツのお節介のようにトシイエには映っていると感じ取れるのであった。

次に、雄が雌に巣に向かうようにいざなう場面を取り上げてみよう。2013年3月31日の朝、ナリマサとおハルのつがいの行動である。おハルはなかなか巣に向かおうとしなかった。時期としては雌がとても動きたがらないころで、産卵を控えた雌特有の状況と推測するしかないが、休息場の茂みに隠れるか、少し下流にある第3柳の枝に止り巣に向かおうとしない姿が目立つのである。

朝6時台にナリマサは魚を2度もおハルにプレゼントした。しかしおハルは第3柳に止ったまま動かない。そこは巣からは約100メートル離れていて巣そのものは見えない。その木の別の枝に止っているナリマサは川上に向いたり、川下に頭を向けたりせわしなく動く。やがてナリマサが巣に向かって飛び巣に入ったのに続いておハルはやっと動いた。ただ、巣の近くに飛び、次いで巣の前の木に移ったがキョロキョロするばかりでそれ以上何もしない。ナリマサは巣から出ておハルから約10

メートル離れておハルを見上げる。ナリマサは巣の出入りをおハルに見せていたのである。それでも足らないことが分かったのであろう、ナリマサは川の上に飛びだし、U ターンして元の木に戻った。そして更に巣のすぐ下の木にまで飛んでみせる。これらの行動は相手のおハルには全部見える範囲に入っていたのである。実に手の込んだデモンストレーションであると私は解釈した。しかし、ここで犬を連れて人が彼らの近くに現れたのでその朝の２羽のやり取りは終わった。

雌の熱意

次に、おハルがナリマサの支えを求めて動いている様子を見てみよう。おハルはナリマサが現れないので不安になり、繰りかえし迎えにでる。そんなひたむきな思いが行動に現れた光景であると考えている。

2018 年 10 月 30 日の朝、おハルは 6 時 5 分に現れ目の前の足場に来た。いつものことながら１羽では巣作りが始められない。落ち着かないおハルは、彼らが朝出現する通路まで様子を見に出かけだした。確かに、足場からはその道筋の先の方は見えない。それで見えるところまで出かけたのである。6 時 23 分から 31 分まで 5 回も同じ飛び方を繰りかえした。待ちきれないという様子であった。明らかにナリマサの姿を探していたのである。10 分くらいしてナリマサがキリキリキリ……と鳴きながら川上から下ってきた。おハルは近くを飛び回った。

そして少し間をおいて、その時舟に止っていたナリマサの直前をわざわざかすめるように飛び、おハルは穴ぐらハイドの近くの小さな柳の木に止って一声キッと鳴いた。ナリマサは反応してキリキリキリ……と鳴きながら止まり木まで飛び、2分してそこから巣に向かった。

しばらくしておハルは魚を獲り舟に移りゆっくりその魚を舟べりに叩きつけてから食べた。このような雌の典型的なふるまいで巣穴補修の一連の段取りは締めくくられた。丁度7時になっていた。

> 雌は分かっている。自分が何をしようとしているか、つまり雄が現れ巣に向かい巣の補修をすることを想定し、それが待ちきれず雄が来るはずの道筋まで繰りかえし出かけた。雌は雄が来る道筋、姿をイメージしているのである。雄が来てからも周りを飛び回り、かすめるように飛び、キッと一声鳴きかけて雄を急き立てる行動にでた。その強い刺激を与えかけることで自分の思いをぶつけていた。ある人の言葉を借りれば[2)]、「常に忙しくしていなければいけない」と言わんばかりの態度である。この雌の一連の行動は、雄を巻き込み巣作りに2羽でかかろうとするヤマセミの雌特有の表現の存在を示していると私は信じている。

このようなコミュニケーションが成立しているということを認めようとしない人が多いかもしれない。「知っている」とか「自分の思い」なども禁句かもしれない。ただ、毎日のようにこの類のヤマセミたちとの行動に接していると、彼らは認知力もあり、相手の反応を予期し、更に相手の意図を想定し理解もしたうえで自分の思いを伝えようとしているということがひしひしと伝わってくるのである。

「動物のコミュニケーション信号は……信号の送り手の内部で起こっていること以外の出来事に関する情報を欠いていると多くの動物行動学者は考えている」とドナルド・Rグリフィンはその著書[3)]の中で述べながら、その考えに疑問をさしはさまざるを得ないと表明する。私も、ここのヤマセミたちの行動に接し、率直にその疑問を表明したいのである。相手の立場を想定し、それを理解しながら行動を起こして相手に強く迫り、自分の望む状況に相手が近づけば、更に次の行動にでて自分の主張をしている。彼らの認知能力そして応用能力を認めないでおくわけにはいかないのである。

もう1つだけ話は最初のつがいに戻って、おマツのプレゼントの試み、トシイエへのアピールの例をあげておこう。それは11月の初め、ここまで再三取り上げてきたように彼らの巣の補修に対する思いが強いと思われる時期の一コマである。

2010年11月2日早朝、トシイエとおマツのつがいが見せた

Ⅲの⑥　雌おマツのプレゼント（2010.11.2）

プレゼントの光景である。彼らが目の前の丸太に立つ位置、姿勢からあふれる2羽のその日の状況がひしひしと伝わってきた。私は、この朝、夜明け前から穴ぐらハイドに潜んでいた。川には誰もいない。この観察地に彼らの邪魔になるものは何もなく、ただ彼らが自分の存在を告げる短いキッ、キッという鳴き声が聞こえるだけであった。

6時18分、彼らは川上からやって来た。しばらくは丸太に来たり中州に行ったりこの朝はいつもとは違い飛び回った。落ち着いたのは6時51分。しかし、トシイエは丸太の左端から動かず冠羽をたて突っ立っていた。つまり、右端に立ち祈りのポーズをする様子はまるで見せなかった。彼は、巣の補修に向かうことはしない態度を強く表していたと私は解釈した。

ハイドのすぐ後ろの第1柳の上にいるおマツはキッキッと鳴く。しかし、丸太の上のトシイエは何も反応しない。7時4分おマツはキキキキと大声をたて丸太の近くにダイブ。魚を獲った。こんなに近くにダイブするのは、他の例から見ても、相当な威嚇の意図がこもっている。それでもトシイエは動かない。

丸太にあがったおマツの姿が左の絵（Ⅲの⑥）である。この時は短く15秒ほどの間トシイエに魚を差し出すようによちよちにじり寄っただけである。この冠羽をぺたんと閉じた様子、身を低くほぼ服従の姿勢をしながら、おずおずとせまった動きは見ている私を何か切ない気持ちにさせるものがあった。トシイエはまるでそっぽを向き、おマツの気持ちを無視しようとする様子があったからである。プレゼントの試みはおマツが自分で魚を食べることで終わった。

それでも2分後、とうとうトシイエはキャラキャラキャラ……と大きく叫び巣に飛んだ。おマツもちょっと控えめにクルクルクル……と答えた。このような鳴き交わしは、巣の補修に2羽でかかり、多くの場合巣穴のすぐ脇などで合唱するようにあげる鳴き声で、巣の補修が協調して進んでいる状況にあることを例年通りに示しているようである。とはいえ、おマツはいつものように何もせず丸太に立ったままであった。

ただ4分後トシイエが巣穴からスーと川に出たのを追っておマツは一緒に飛んだ。この相手が巣穴から出たところで合流して飛び回る行動はよく見られるもので、2羽がとてもうまく協働していることを表現するディスプレイ・フライトの一部分であると考えている。プレゼントについてはすぐ続いて話題にすることにするし、小石運び、ディスプレイ・フライトについては第Ⅳ章でくわしく述べる。

ただ、ここまでたどって来ても、誰が巣を決定するのかは推測の範囲を出ないかもしれない。そこで更に次のシーズンにそのことを探ってみることにした。その結果が次の表（表2）の中にある。

この年2009年の抱卵開始は4月25日、孵化5月16日、そして巣だちは6月21日だった。

表に示した2008年から2009年にかけてのシーズンで目立ったことは、雌の迷いである。10月21日に2羽の活動が活発に始まった日、既におマツは迷っていた。ここまで数年間使ってきた巣穴とは違う穴に入り始めたのである。その日の朝約2時

表2　にじり寄りと巣の補修（2008 ～ 2009）

	10月	11月	12月	1月	2月	3月	4月
巣穴の補修	雌は新穴にばかり入る 10/21 ━━ 11/9		12/8 ━━ 12/25		雌は巣穴選択に迷う 2/12 ━━ 3/27		巣穴決まる 4/9
雌のにじり寄り			12/25			3/24 3/26	雄のプレゼント多数
小石運び	10月下旬 ━					下旬 ━	
備考		11/25　12/2　12/12 12/15 2羽によるディスプレイ（特に目だったもの）					

間の間に去年の穴には3回しか入っていないのに新しい穴には10回も入った。このように短時間に出入りを繰りかえすことも珍しいが、この行動が11月9日まで続いたのもまた珍しかった。これまで何の迷いもなく前年の巣穴を使い続けていたのだから。

2羽は熱心に巣に入ったが、新たな巣穴に入るおマツをトシイエは去年の穴の入り口につかまってじっと見る場面によく出会った。何故おマツは新しい複数の巣穴を試すのか分からないままに、私はある夕方彼らがここから川上に帰って行ったのを見て巣穴の下を調べた。去年の巣穴からかき出された土は少し湿っていて、新しい穴からは乾いてさらさらの土が落されていた。この湿り気を雌のおマツは気にかけているのではないかと私は半ば納得した。

おマツがキッカケになる合図をし、トシイエが巣に飛ぶという雄と雌の基本になるかかわり合いは変わることなく、12月になって一時的に多少巣への出入りが活発になったが、2月ごろまで巣に向かう行動は不活発なままであった。

そして2月。ここでおマツの迷いは最高潮になっていた。あと3月下旬までずっと続いた。正確には2月15日から3月21日までである。出鱈目に他の巣穴に入りだした。この出鱈目は半端なものではなかった。去年の巣穴の他に5つの穴があったが、そのうちの4つに次々と入った。10月以来おマツに従わなかったトシイエも出鱈目になった。約2時間の間に20回も出入する日もあった。このような行動は異常であった。

ただ、2月26日になってやっと去年の巣に集中して入りだすことになった。まだ完全にその穴に決まったようには見えなかったが、2羽の動きは整然とし始めた。というよりは、2羽での共同作業が最高潮に達したようであった。2羽で鳴き交わし、交互に巣穴に入り一心に巣穴の外に土を蹴りだす。実はそれと同時ににじり寄りが再開したのである。勿論のこと、トシイエが巣に入るとおマツは茂みに引っ込むという元の基本的な行動も甦った。そして4月9日にはおマツは去年の巣穴で納得したようであった。おマツの迷いから来る騒がしさはすっかり消えたのである。

約1か月にわたる迷いの時期、おマツは自らしきりに別の巣穴を試した。それだけおマツは異常に動き続けた。トシイエといえば、ただそれを見守り時に同調するだけで、通常の雄雌の役割と私が考える動き方から外れていたように見える。

　つまり、雌がキッカケをつくり雄が巣に飛び巣穴ほりにたずさわる。雌は基本的にその雄の行動を見届けて休息する。ただ時に一緒にキャラキャラキャラ……と鳴き交わし合いながら巣穴ほりをする。この年は4月9日にもおマツはにじり寄りに似た行動を何度も繰りかえした。そしてトシイエは巣に向かった。このキッカケ作りの部分が復活し完結したと私は見た。にじり寄りは、キッカケ作りの延長線上にある。雌は巣穴選びで迷いに決着をつけ納得したうえでにじり寄りを再開したのであり、これで巣穴選びは決着した。巣穴を選ぶのは雌だと言ってよいであろう。

2）アラン・コルバン、『レジャーの誕生』、渡辺響子訳、藤原書店、2000年
3）ドナルド・R・グリフィン、『動物は何を考えているか』、渡辺政隆・久木亮一訳、どうぶつ社、1990年

3.　何故プレゼントをするのか

プレゼントは交尾に結び付くのか

　この魚をプレゼントするという現象は、煩雑さを避けるため表1、表2共に記入していなかった。表1に示した2007～2008年のシーズンでは2008年の3月末でプレゼントはぴたりと止んだ。これが、その前年までの進行の仕方であった。プレゼントはここでは抱卵の始まる時期の直前に雄が見せる現象であった。しかし、次の表4、2008～2009年のシーズンでは3

表３　プレゼントと交尾一覧

2008 年春	
プレゼント	交尾
	2/7
	2/17
3/2	3/26
3/29	
抱卵開始　4/2、 孵化　4/24、 巣だち　5/25	

月中旬から４月中旬まで雌へのプレゼントは続いた。

プレゼントは、抱卵開始が４月 25 日だったからそのすぐ前に見られるということには変わりがなかった。雄から雌へのプレゼントはこのように繁殖活動の巣作りの部分（ここでは補修と呼んでいる）の最後に見られると言ってもよいだろう。次に交尾を含めプレゼントが見られた日にちを一覧表にしてみよう。

この 2008 年の春、プレゼントは３月末までで止った。そして交尾とは関係なかった。

というのは、プレゼントをした雄はすぐその場を離れ中州など遠くに出ていくのが通常の光景で、雌の関心を引くためという気配は何時もないからである。

更にプレゼントをする場所である。私の観察する範囲は限られているし、彼らが繁殖期に主に活動する空間はせいぜい 200 メートル× 100 メートルなので 2､3 か所と言えばよいだろう。それらは何度も話題にしている休息の茂みの太い木の横枝であったり、絶えずよく使う止まり木であったりする。いずれにしても、ひっそりと隠れたところというよりは、止まり木のよ

表４　プレゼントと交尾一覧

2009年春	
プレゼント	交尾
3/31（2回）	
4/3	4/3（2回）
4/4	4/4
4/6	4/6
4/10（2回）	4/7

4月3日の交尾はプレゼントの10分以上後、4月4日では、雌の受け入れ態勢が整っているのに、トシイエはそれを無視、その12分後トシイエが岩の上で魚をたたいていると、おマツが側に飛んできその魚を奪い取った。交尾はその1時間以上後である。4月6日の交尾はプレゼントの6分後であった。

抱卵開始4/25、孵化5/16、巣だち6/21。

うに背景に常緑樹が茂っているとか、上部に木の葉が茂っていて安心してくつろげる場所と形容できるところである。

2008年の春は何の不都合もなく4月に入るとすぐ抱卵が始まったのであるが、次の2009年の状況は既に述べたように相当違っていた。3月末日から4月にかけてのつがいの行動を表にしてみてみよう。

このシーズン初めの雌の迷いは4月に入ってもずっと続くことになった。4月9日になってやっと巣穴選びの迷いから解放されたからである。雌おマツのにじり寄りは3月下旬で済んでいる。それから抱卵の始まった4月25日までの間にトシイエのプレゼント行動は丁度はまり込んでいる。

雌おマツのその時期の状態といえば、隠れがちで不活発で巣に向かわない傾向が強く出ていた。これはここの雌たちに共通する傾向であるが、おマツの場合より強く現れていた。そのような状態にある雌に対して雄がとる行動がプレゼントということになるであろう。

大いなる迷い、続いて隠れがちになり、巣から遠ざかっていようとする雌をその状態から「引き出す」必要があった。朝の短い観察時間（大抵2時間）の間に2回、しかもそんなことが2回もあったことを表は示している。このような執拗なプレゼントはこれまで見たことがなかった。これは何を示すものか観察者を悩ませる。

もしこのプレゼントがおマツの産卵と関係すると考えたとしよう。産卵のための栄養補給だとすると、その前のシーズン2008年の春のプレゼントの数はいかにも少なすぎる。この2009年の春の現象と共通点が見だせない。栄養補給とは考えにくいのである。

そこで残された状況は雌の不活発さである。抱卵開始がぐんと遅れている。しかし雌が動かない。このことを雄のトシイエは充分に認識し、つがいの相手おマツの様子に理解を示し、おマツを奮い立たせるためにプレゼントを繰りかえしたとするのが自然であると考えている。

プレゼントをする雄の態度

次に雄が雌に魚をプレゼントする様子からその意味を考えておくことにする。まず表にある4月4日、6日について簡単に状況説明をしよう。

4月4日：
茂みの太い枝に止ったおマツは受け入れ態勢になっていた。しかしトシイエはそれを無視した。それから約10分後魚を獲って茂みの下の岩にトシイエが魚をくわえて立っていると、雌のおマツは川下から飛んでいきトシイエの前に降り立った。次に欲しそうにトシイエの方に嘴を伸ばしたかと思うとトシイエから魚をもぎ取った。
4月6日：
茂みの中の太い枝におマツはいた。この時はトシイエが魚をくわえておマツの側まで飛んだ。そしておマツは抵抗なく魚をもらった。

いずれの日も、朝やって来ても雌のおマツは巣に入らない。雄のトシイエは巣穴に取りついて見せおマツの様子をうかがうが効果がない。そんな日々の少しずつ違った光景を紹介した。

魚をくわえたままおマツを待つ時と、おマツがいる枝に魚を運ぶ場合とその割合は半々としか言いようがないが、共通していることがある。それは、雄のトシイエが、「取ってみろ」という態度を示していたことだ。やるものかと引っ張り合うこともある。

魚を獲った時から、プレゼントをしようとしている時は、魚の頭をくわえ、次に尻尾の方をくわえて叩きつけながらも、すぐ頭を先にくわえ直そうとし、魚をプレゼントしようとしているのがよく分かる。初めから頭を先にしてくわえる意思がチラチラと見えるのである。

もう一つ別のつがい、ナリマサとおハルの場合を付け加えておこう。極端に雌が不活発な場合の例である。

2013年3月29日の早朝、5時54分から7時26分の間の記録である。抱卵は4月16日に始まった。2007年ごろだと4月に入ると同時に抱卵が始まったので、この年もやや遅れていたということになるだろう。つがいの2羽とも巣穴の補修も終わったようで、巣に向かうこともなく無為に過ごしている様子だった。

おハルは茂みの太い枝にいて動かずナリマサだけが雌のところに行ったり第1柳の高い枝に戻ったりを繰りかえした。その往復は9回に及んだ。この行動は「雌の熱意」のところで紹介した雌の行動、雄を待ち焦がれるように何度も迎えに出た雌の行動に似ている。それでもおハルは動かなかった。

注目すべきはプレゼントの様子である。6時13分ナリマサは魚をくわえて戻った。おハルのいる枝の下、水中から頭を出した岩の上で魚をたたく。見てみろという様子だ。そして魚をくわえてすっくと立って動かなくなった。「さあ来い」というサインである。おハルは首をすくめて動かない。するとナリマサはハルのいる枝に飛びあがった。6時16分、おハルに魚を差出し、反応がないと見ると雌に背を向けてしまった。振り向いてもう1度差し出した。今度は約10センチばかり寄って行ったが反応しない。ナリマサはそこで下の水中に魚をくわえたままダイブして川上に飛んだ。6時23分、雌のいる枝に戻り魚を枝に打ち付けていたが、ナリマサはしばらくして自分で食べた。

> 雌はこの時期ははなはだ不活発というか、不機嫌な状態になり、雄が支えようとしても応じないことがよくあり、これもその典型的な例である。雄はこの状況を把握しそれを解決するために別の方法も考えあれこれ試す。雄は雌の状況を把握し、理解を示し、何とか改善しようと試みる。その自分の思いを達成しようとする自己制御の実際の姿である。
>
> 雌のにじり寄りもそうであった。相手を理解し、相手の状況にうまく対応しようとする認知能力、実践能力、そして雄と雌が支え合い頼り合う生活の実際の姿がここにあるということが出来るだろう。

そんな場面に出くわすと、いつもながら、彼らが巣穴の雛を誘い出す時に見せる行動を思い出すのだ。魚を見せても渡さない事を繰りかえす姿である。彼らは本来、このかけひきの効果を知っている。魚という魅力的なものを見せることで相手が引き寄せられる。それでも渡さないでいることでますます相手の気持ちはかき立てられる。このやり取りを生来身につけているというか、必要な場面になるとその駆け引きを演じることが出来ると私は確信するようになった。

最後にプレゼントの典型的な光景を紹介して終わりにしよう。その朝、穴ぐらハイドに入っていた私の目の前ではじまったのである。水中の足場の上に取り付けてある太い丸太が増水で流され、積み上げた岩の上には絵（Ⅲの⑦）のように石が転がっていた。左手からバッとトシイエが来て石の上に立った。大きな魚の頭を先にしてくわえ立ったまま動かない。近くには

Ⅲの⑦　突っ立つトシイエ（左）とおマツ　(2011.3.12)

おマツの姿がないのに、彼は確信に満ちてすっくと立っているとしか見えなかった。するとずっと川上、約 40 メートルの茂みからおマツが飛んできた。しかし、石ころが転がっているので着地が乱れこのような姿になってバタバタした。その間約 1 分間トシイエは微動もせず、「さあ来い、とってみろ」というような態度で胸を張っているとしか思えなかった。おマツはトシイエに近づき魚に食いつき、しばらくグイグイ引っ張りあった末、もぎ取った。

4. ヤマセミが縄張りを守る

自分の居場所をとりもどす

この河原でも、生きものの世界ではそこにずっと年中いるものとその時々の都合で棲むものの間でもめ事は起こるようだ。私がヤマセミに遭遇したのが2005年。その次の2006年秋、ヤマセミたちはかなり難儀していた。

彼らはその年7月初めには姿を消し、10月30日にこの川辺に戻って来た。到着するとすぐトシイエとおマツのつがいは前年の巣穴に入り一心に土を蹴りだし始めた。後ろ向きにイチ、ニ、サン、足を替えて、またイチ、ニ、サンと勢いよく蹴りだすのである。これらのヤマセミの行動が気に入らなかったのが、数羽のハシボソカラスであった。カラスたちは第1柳に陣取っていて、ヤマセミたちが巣穴から出てくるとそれを追い回す。第1柳は元々ヤマセミたちの重要な見張り場であった。その枝にはカラスが3羽も止っていることが多かった。ただ、それについては争わずヤマセミたちは巣の補修に励んでいるようであった。

追いかけは執拗で、穴から出てくるとそれを追い回す。近くに戻ってくるとそれをまた追うのであった。時にはヤマセミの方が追撃に出ることもあったが、効果はなく、カラスの邪魔をかいくぐって休むことなく巣に入り土をせっせと蹴りだした。その騒動が収まったのが11月27日であった。

ヤマセミのつがいはこの川辺の一員として認知されるのに1カ月もかかったのである。カラスたちは毎年ヤマセミたちの縄張りと重なるように巣作りをし、お互いの動線を横切っているが、それ以来ヤマセミとカラスの争いは1度も起こっていない。それ故、ここに取り上げた騒動は、毎年秋に起こることではないが、一時持ち場を離れていると起こりうる例の1つであった。

雄はしきりに見張に出向く

カラスと争った後、同じ狭いエリアにいながらカラスは中州に巣をつくり、ヤマセミたちに争いを仕掛けることはなかった。その狭いエリアに立ち入る釣り人たちとは別に、観察者である私はヤマセミたちにどう映っているかずっと気を配ってきた。

殆どの場合、私は300メートル地点という相当に遠いところから観察しているが、そこから肉眼では止まり木のいるヤマセミはかろうじて白い点があるかどうかというくらいにしか見えない。この川辺にヤマセミがいることを知らない人だと、ヤマセミがいるとはとても思えない。

そんなに離れていても、そして私はいつも同じように腰かけていようと、彼らは私の存在を意識していることはよく分かった。私が300メートル地点に出ていく河原の道は決まっている。彼らの棲む柳林の下流部側の端っこに沿って草むらをかき分けだすと、全く私など見えるはずもないのにキョッ、キョッと間をおいて鳴きはじめるのだ。いつものように存在を表明するかのような穏やかな鳴き方である。どのようにしても私の動きは察知されるようである。

300メートル地点に座って望遠鏡で観察をはじめ、しばらく

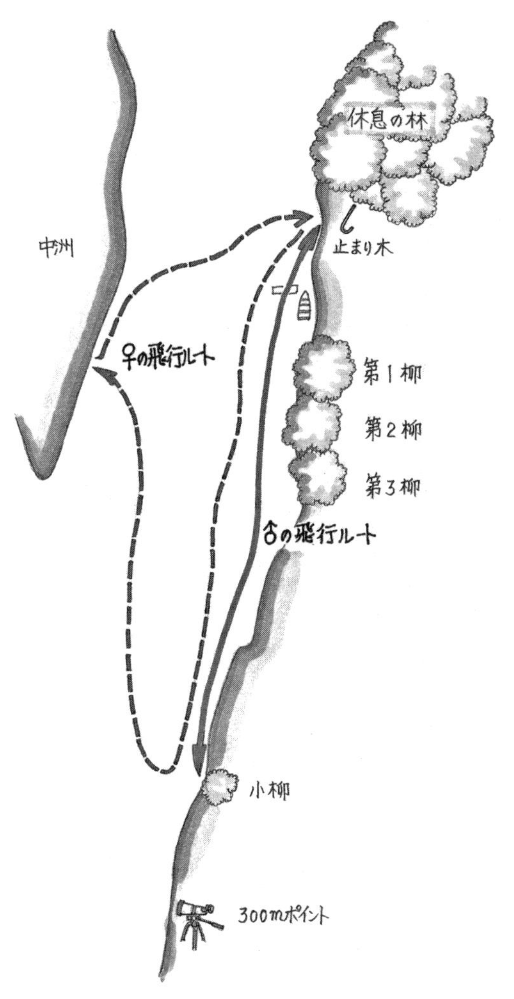

Ⅲの⑧　見張飛行のルート

すると、彼らはしばしばやって来る。川面から2メートルくらいのところを穏やかに飛んで下ってき、私まで40メートルばかりのところにある小さな柳の木に止る。いつもの通り、そこで何をするでもなく、魚を探そうとするわけでもなくただ時を過ごす。時に此方をチラッと見るだけで鳴きもせずしばらくしてまた来た道を帰っていく。

威嚇でもなく、警戒して緊張しているわけでもなく、ただ見張り役としてそこで身をさらしているだけなのである。これは雄の行動と言ってもよいだろう、このようにやって来てそこで身をさらして見せるのは雄のトシイエである。これは1つのディスプレイといって良いかもしれないが、2018年の雄でも変わらぬ役割であった。

雌のこの種の見張行動というと、同じように飛んできて一瞬小柳に止ることも偶にあるが、そのまますぐに中洲定位置に飛び、そこから、観察者の私を見守ることはする。

具体的な見張行動の例をあげておこう。朝トシイエとおマツが止まり木にいた。するとトシイエだけスーッと飛んで下ってきた。図に示した小柳に止ると、すっくと立っているが何をすることもなく私をチラチラ見ながら丁度6分をそこで過ごしてまた元のところに戻った（2008.12.16）。

ただこの時は、少し事情が違うようであった。トシイエが飛んで帰っていきながら大声でキャラキャラキャラ……と鳴いていたからである。この鳴き方は、つがいが巣の補修の最中、巣に出入りしている時に鳴き交わす種類の声である。トシイエは、補修に向かうモードに入っている、しかし、雌のおマツが一向に反応して鳴かない。トシイエは、帰っても第3柳に止ったり、おマツのいる止まり木の更に一本上の枝に止ったり、第1柳の上の枝にあがり見張についたり動き回るが、おマツは首をすくめているだけであった。やがて動いたおマツは中州に飛び大きな魚をくわえて茂みに帰りそこでひとり魚を食べた。

その直後、おマツは茂みの下で小規模のディスプレイ飛行をした。この朝、2羽はまるでちぐはぐな行動をしたというべきかもしれないが、ここのヤマセミの実態と私は考えている。

この朝雄のトシイエはエネルギーに満ちていたに違いない。それに応じていない、或いは応じられないおマツは自分のしたいように動いた。トシイエが動いている間に自分はゆったりするのはいつものことである。ただ、その後ディスプレイを、しかも典型的にダイブを挟みながら、約30メートルの間で往復しおこなった。これなど、トシイエのアピールに応じていないことに対して鬱積していたものを一気に晴らす行為であったようであるが、雌が自分の立場を誇示する行動に違いなかったと私は解釈している。ディスプレイ・フライトについては第Ⅳ章でくわしく語ることにしている。

ヤマセミのつがいは、お互いの状況を理解し、自分の意思を元にした要求をし、相手に迫り、自己主張をぶつけ合いながら彼らの繁殖行動を現実のものとしているようである。

雄のその他の見張行動の記録は沢山あって、4分小柳に留まった日もある（2009.2.22）。その他、2009年は3月5日から30日の間に、毎日ではないが、9回も雄は小柳まで見張に出てきた。

雄は侵入個体と戦う

ここのヤマセミが棲む縄張りに侵入する個体は時々見る。ただ、2009年の春を例にあげても、4月20日という1例をのぞいて私の知る限り他は3月に集中していて、それらはこの縄張りの端っこに入り込むことを試みる様子が目立つだけであった。

この縄張りの端っこから潜り込もうとする個体には雌のおマツが対応しているのが興味深かった。このような個体は、おそらく前年の若鳥であろうと私は推測している。これらが現れると、おマツはすかさず飛び出しこの縄張り内を追い回す。その時トシイエは追い払いに参加はするが、後ろからついて行くばかりで熱心さは見られなかった。

そんな追っ払い騒動の一つ、2009年3月25日の場合はおマツがもう1羽の雌を追い払いに出た。第1柳の辺りからキャッキャッキャッキャッ……と鳴いて下ってき、300メートル地点に座る私の真上5、6メートルのところを通り2羽は川下に飛んだ。そして間もなくまた頭上をかすめ川上に戻っていった。この事件は20分くらいで終わり相手の雌も姿を消した。

ただ、次にあげるような明らかに縄張りを乗っ取ろうと侵入した雄との争いはここでは1例しかない。この場合は雄のトシイエが侵入個体と対決したのである。この果し合いは1時間以上も続いた。よくぞそんなに飛び回り突っかかり合っても飛び続けられるものだと感嘆する闘争であった。2012年3月1日の朝の出来事である。

侵入個体とトシイエの闘争は、第1柳の1番上の枝でのにらみ合いではじまった。これが約25分。次に枝を下りた侵入個体を追撃するのに約30分。そこでほぼ決着がつき、トシイエが第1柳の上の枝に立っていったん静かになった。しかし、4分後にまたトシイエが追っ払いにかかった。これが30分も続きようやくこの戦いは終わった。合計で1時間半も闘争が続いたことになる。

この闘争をもう少し細かくたどってみよう。朝8時44分からの観察である。

8:44　トシイエとおマツは第1柳の上にいた。

8:54　侵入個体は川上より飛来。第2柳に止った。トシイエはそれに反応し、首を盛んにポンピング。とても興奮している。相手は喉に典型的な雄の色合いの斑紋があり、特にその明るく黄色味の強い朽葉色から、私は、その場で「ヤマブキの君」と名付けた。以後仮にヤマブキとここでは呼ぶ。

8:55〜9:19　ヤマブキが第1柳の中ほどに移り、約5分後には1番上の枝にあがりトシイエとにらみ合いに入った。初めは1メートルばかりの間合いをとっていたが、やがて70センチに縮まった。ヤマブキが寄りトシイエが下がりまた盛り返しを繰りかえした。

9:19〜9:44 ヤマブキがここで枝を離れた。すかさずトシイエは後を追った。第3柳を越え林の中をくぐり抜けて元に戻り、今度は川に出てまた第3柳を越えて川を下り、元に戻り、グルグル飛び回った。この間、隙があればヤマブキは第1柳の1番上の枝に止ろうとした。トシイエはそれを許さない。この繰りかえしである。

最後にトシイエが第1柳の上の枝にすっくと立ち、ヤマブキが第3柳の下の柳の木に退き、勝負あったという雰囲気となり、一時静かになった。

9:48 また追っかけあいが再開。トシイエはヤマブキを追ってずっと川上に飛んだ。これで全ては終わった。

次の日から、トシイエとおマツは普段の落ち着いた様子で活動していた。ヤマブキはもう現れなかった。なお、このヤマブキは、次の春からここの主になり、ナリマサと私が呼ぶことになる個体である。全ては、写真撮影もし、個体識別をしている。

おマツはこの闘争の間どのようにしていたかを簡単に語っておこう。にらみ合いがはじまって暫くするとおマツは中州に飛んだ。そして、追っ払い騒動になると、初めの内は飛び回る2羽の少し後ろについて飛ぶことはあっても全く積極的ではなかった。その後中州でダイブして魚を獲り、水浴をして過ごしたのである。最後の追っ払いになり、トシイエが川上に出て行った後、10 時 14 分になっていたが、おマツは第 1 柳の近くに戻り舟の側で水浴びをしだした。

侵入者のヤマブキの君が狙っていたのは、トシイエというよりは、トシイエがいる第 1 柳の 1 番上の枝なのである。ヤマブキの君は、必死にその枝に立とうとした。にらみ合いに耐えられずにヤマブキの君が飛び降りると徹底的に追い立てられ、何度もその枝に触れる度に突っかかられ追い払われ、結局トシイエがその枝に立って闘争は終わった。第 1 柳はこの縄張りの主の座る象徴的な場所のようであった。

巣の補修の場合も、このように侵入者との闘争に関しても、ここのヤマセミのつがいに関しては雄と雌の仕事の分担はかなりはっきりと意識され、各々の仕事はそれぞれの実践にまかせお互いの足らないところは補い支え合いながら、自らの意志は行動で示す傾向が見られた。ちょっと別の見方をすると、雄はけなげに働き、雌は控えに回ってゆったり過ごしているように見えて、実は一種の司令塔であり、つがい生活をコントロールしていると言ってもよいだろう。

第Ⅳ章　思いは姿に表れる
——楽しみ・共感するヤマセミたち——

Ⅳの①　若鳥の葉っぱ遊び（2014.7.5）

1.　生得の行動と遊び

葉っぱで遊ぶ

初めにあげた絵（Ⅳの①）は巣だち後28日目の若鳥の姿である。この年は3羽が巣だち、この近くを3羽が連なって飛び回る様子が目だっていた。前日から、この止まり木に若鳥たちが止るのを遠く離れた300メートル地点から見ていた私は、この日の早朝から舟小屋に入ることにしたのである。

実はその朝も3羽は川面を広く使いながら飛び回っていたが、この日から1羽が単独行動しだしたのである。この雄の若鳥（後の2羽は雌であった）はこの止まり木が気に入っているようで、舟小屋にひそむ私の正面に度々姿を現した。2014年7月5日のことである。

舟小屋に入ったのは朝5時21分、彼らの声はその10分後に川上からずーっと下ってくるのが聞こえ出した。私は息をひそめ待った。若鳥たちは止まり木に止ったりまた飛び回ったり、入り乱れて川面を長い間飛んでいた。

6時20分にこの止まり木にやってきた雄の若鳥は、下の水面を見下ろして飛び込みだした。何度も何度もダイブした。この止まり木は水面まで約5メートルあり、水深はそこではとても浅く20センチあればいいところだ。そんな浅いところに飛び込んで何事もないというのはまことに不思議であった。その時の若鳥の行動を少し追ってみよう。

若鳥のダイブ（2014.7.5）

6:24　細い草の茎を拾って止まり木に上がり玩んだ（元々の「手に持って遊ぶ」の意味で使っている）。

6:25　ここで絵（Ⅳの①）にあるように緑の葉をくわえて戻り、くわえ直し、振り回し、放り上げて遊んでから下に落とした。この行動は5分間で終わった。

ここで私は、「遊ぶ」、「思い」などの文字を使っている。何故かというと、人間同様生きものの多くで、内面が仕草に顕れると思わざるを得ない場面に多く出くわしていることがあげられる。内面とはなにかと問われるかもしれない。それには、仕草がなければ内面についてあれこれ語ることは出来ないと答えざるを得ない。内面とは、遺伝的要素に付け加えられたその個体の経験の総体であろう。葉っぱ遊びはその一側面ではないか。このようなことを考えてきた。その考え、というより感じ方を基にここのヤマセミのことを少しでも知りたかった。

ヤマセミとは一体どんな鳥なのか。私は遠くから、近くから繰りかえし見守った。別の例を見てみることにしよう。ある日かなり近い距離にいた時、舟には孵化後13日目の若鳥がいた。舟があるところは、今しがた取り上げた止まり木のすぐ側だから、水深は20センチほどだ。そこでその個体はダイブを始めたのである。5時57分から6時7分の間に21回もダイブをした。まだ何とも下手な飛び込み方のようにみえ、頭と腹が同時に水に触れるから、殆ど落ちるというような動作である。そのあと親たちのように念入りに羽繕いをするわけでもなく、ただバサリ、バサリと水に入っていた。(2005.6.13)

巣だち後13日目である。親が魚を獲るためにダイブするとしてもその近くにいるチャンスは多いとは思えない。ダイブという動作の仕方もその目的も知っていない。嘴はちゃんと水底に向いていない。ただ腹から水に落ちるだけであった。それでもこの個体は夢中でダイブを繰りかえしたのである。この動作は、生まれつき備わったもので、繰りかえしダイブしたくなるらしいとしか形容できなかった。この場合はただダイブするだけで何も拾い上げない。遺伝の記憶の中にこの水にダイブする動作が深く根付いているらしいというところまで私の思いはいたった。

最初にあげた絵の若鳥の様子は、何度もダイブし、物を拾ってきたが、次にあげる別の若鳥のように我を忘れて没頭しているようではなく、軽やかに振る舞っていた。遊んでいると呼ぶのが相応しいものであった。彼らは「遊ぶ」ということがあるのではないかと思った瞬間であった。彼らは時々で動作の別の側面を見せるので、私はその違いに一段と興味をひかれることになった。

またふり返って、ここのヤマセミ観察を始めたシーズン、2005年6月17日の朝に目撃した若鳥の様子を見てみよう。

もう9時を少し回っていたが、その辺りは木々に覆われ若鳥は浅い川の流れに頭を出した直径70センチばかりの岩の上にいた。川岸を歩いていた私が出会ったその若鳥は、歩いている人間の姿も目に入らないかのごとく夢中になってその岩から水の中にダイブしはじめた。私は草むらに潜り込みじっと見ることにした。兄弟の3羽のうち2羽は雌、残りの1羽は雄である。これは13日目の個体として取り上げたあの鳥としてよいだろう。2005年6月17日の記録だから4日後のことである。13日目とはまるで違う動作を繰りかえしたのである。

若鳥のダイブ　(2005.6.17)

9:24　若鳥は水の中を覗いていたがダイブ。

9:25　また飛び込む。笹の葉をくわえて戻った。上を向き、その葉をくわえ直したりしていたが、落す。今度は自分の立っている岩の上に生えている草を引きむしろうとする。

9:26　飛びこむ。赤くなった柳の葉らしきものをくわえて戻った。間をおいてまた飛び込み、小さい丸っこいものをくわえてきた。のけぞるようにしてその葉をくわえ直す動作を繰りかえす。

9:27　今度は30センチばかりの木の枝だ。くわえ直し、一方の端をくわえては、何度も足元の岩に打ち付ける仕草をする。それが終わるとまた飛びこみ、黒い木の実（ヤシャブシの実らしい）をくわえて戻り振り回していたら遠くへ飛んでしまった。

9:28　岩の上を歩き回り水の中を覗きこむ。飛びこんで短い木の枝をくわえて上がってきた。

9:29　飛び込む。木の実をくわえて戻り振り回し落としてしまう。

ここで活動は終わった。丁度5分である。最初にあげた例でも5分で静かになったところを見て、この内面に湧き上がるエネルギーはこの時間で雲散霧消するのであろうと思った。それにこの日、若鳥は水の中をしっかり覗いてからダイブした。確実に水中から何かを嘴でとらえ戻ることを繰りかえした。しかも、殆ど水底に沈んだものばかりで、30センチばかりの深さのところにあるものをとらえて戻ったのである。それらの木の実、草の葉、木の枝などはコンラート・ローレンツの言葉を借りると、「超正常刺激」[1)] を発している言うべきものであろう。

この若鳥は、この朝、水の中を確かめ、飛び込み、水中のものをくわえて戻るというヤマセミの餌獲りにおける動作の基本を確実に体で表していた。これは教えられたものでなく、生まれつき備わったもの、超正常刺激が引き起こす一連の動作ということになるであろう。後は、この行動と魚が結び付くという課題が残るばかりである。

ただ、最初の絵（Ⅳの①）の個体、これは巣だち後28日目の若鳥で今の例よりさらに10日ばかり日にちがたっているが、その動作には、玩ぶ様子が濃厚であった。その基本的行動の中に遊びという別の要素が芽生えることがあるのではないか、それがこの葉っぱ遊びに具体化したのではないかと考えた。この遊びの要素を見逃すわけにはいかないと思っているのである。

1）コンラート・ローレンツ、『行動は進化するか』、日高敏隆・羽田節子訳、講談社現代新書、1985、p.83

親も葉っぱ遊びをする

若鳥が巣だって間もなく葉っぱ遊びに我を忘れるということは分かった。それは親たちから伝わってきた生まれつきの行動のようであるというところまで来た。

それでは、親たちのその生来の行動は内面にひそんだままなのか、魚を獲って水から上がってくるという行動にだけその体の動きが表れるのか興味を持って彼らを見守ってきた。

親の場合は、秋の巣の補修中にその典型的とも呼べる葉っぱ遊びがあったのである。遊びの場所は、舟であっても止まり木でも、丸太でも、魚とりには向かないほど浅く魚もいるはずのない所であった。

第Ⅲ章の表1(p.72) の備考欄に2羽によるディスプレイの日付がある。その毎日の如くおこなっていた盛んなディスプレイ行動が一段落したところで雌おマツが葉っぱ遊びをしたのである。2007年11月8日のことであった。つがいの2羽は、既に語ったようにおマツがきっかけをつくりトシイエがすぐに反応して巣に向かうなど2羽の共同生活は非常にうまく行っている時期であった。私は穴ぐらハイドに入り、つがいの2羽はいつもの通り止まり木に静かに止り、時々巣に行ったり来たりしていた。次はその遊びの記録である。

2007年11月8日

8:32　舟におマツが下りてきた。その舷側からダイブし大きな葉っぱを水底からくわえて上がった。しばらくそれを玩んだ。次には小さい黒っぽい木片を水中からつまんで持ち帰りこれも振り回し遊んでいた。

8:36　おマツは舟小屋の側の止まり木に戻ってきた。
おマツは4分間たっぷり遊んだことになる。その間つがいのトシイエは止まり木にいた。別の枝に戻ったおマツがそこでピルルルル……と穏やかに鳴くとトシイエが巣に飛んだ。彼は巣の中に3分ばかりいて出てくると水面すれすれに飛びぐるりと大回りし第1柳の高い枝にあがった。

これはつがいの共同作業、つまり巣の補修作業がとてもうまく行っている時の行動である。葉っぱをつまんでくるのは魚を獲る作業の練習でもない。その他の目的も考えられない。ここで見渡すべきことは、彼らの状況である。おマツからすれば、自分の思い通りにトシイエは動いてくれ、補修の作業は順調に進みだした。おマツの充足した内面は葉っぱ遊びがもたらす快感の記憶を呼び覚ましたのであろう。食べる魚を捕らえてくるという行動から、その本来の目的を取り払って、ただその行動がもたらす達成感、快感を反芻していた、その快感の記憶を再現して喜びたい気分に満ち溢れていたと私は考える。

巣から下りてきて、「仕事」から解放されたわずかな時の隙間でその快感の記憶がよみがえった瞬間の行動だったようだ。付け加えると、同様な状況で同じつがいが２羽ともに同じ年の12月15日にもほぼ同様に足場の丸太の上で演じてみせた葉っぱ遊びも目撃している。

葉っぱを玩ぶなど生きるために必然的な行動ではない。そこからはみ出していると言えばよいのだろう。それは生理的反応に過ぎないという考えも成り立つかもしれないが、何処までもその説明が通じるとは言い難いと私は思う。

先にあげたおマツの遊びは、つがい相手トシイエとの共同作業の良好さ、彼の反応の良さ、更に２羽によるシンクロナイズしたディスプレイ・フライトなど好ましい状況の中から出てきたものである。相手の思いへの理解、共同への努力などに付随して内面に浮上してきた充足感の表明であるに違いない。

この水の底に落ちている葉っぱをくわえて拾ってくる遊びが、人間でいうところの快感に近いものにならなければ、何度も繰りかえしはしないであろう。繰りかえすことによって、その遺伝的な要素はますます強く定着する。そして代々繰りかえされてきたのであろう。

ヤマセミは道具を使う

ここまでヤマセミたちが木の葉を玩ぶことについて語ってきた。この玩ぶという行動は既に語っているように魚を水中からくわえて戻るという動作本来から発展し分離し1つの独立した行動になっている。そんな現象であるという前提に立っている。プレゼントをする雌はこの動作を1歩進めたと考えることもできるだろう。獲ってきたものを別の用途にあてているのである。

これは、次にあげる例、水中からくわえて戻った木片の扱いに類似しているのである。更にこれは第Ⅲ章の表2（p.81）に書き込みながらそのままにしていた小石の扱いにも通じるものである。

その例というのは、2016年3月8日の早朝の出来事であった。私は5時58分に舟小屋に入った。ナリマサとおハルのつがいは6時58分に現れ土手の止まり木に止った。この朝の舞台は整ったのである。

その時、巣の補修に向かおうとする両者の内面のエネルギーに差があったのであろう。おハルはじっとしていず何度も巣に向かうが、ナリマサは動こうとしなかった。8時6分になってやっと事態は動いた。1時間もかかったのである。おハルは泥のついた木の切れ端をくわえて巣から土手の止まり木に戻ってきた。すり寄るようにナリマサに近づいておハルはスッと立った。この木片は落としてしまったが、すぐにおハルはナリマサをこづく動作をした。ナリマサはそこでのけぞる様子を見せたが、ともかく反応したナリマサは巣に飛んで入った。雌がきっかけをつくり、雄がそれに反応するのはいつも通りであるが、この朝は、時間をかけ、道具も使った念入りの雌の振る舞いは見事に効を奏したのである。

繰りかえすと、雌は巣から木片をくわえて止まり木に戻り、それを雄に見せつけるようにしてから実際に雄をこづいた。

Ⅳの②　のけぞるナリマサ（2016.3.8）

木片を見せるのは、それが何を示すことになるか、自分が何をし、それを相手に見せて何を望んでいるか伝えようとしていた。更に横腹をこづくことまでした。一方その木片を見せられてのけぞるほどに雄は反応を示した。雌の思いを強く感じ取りすぐにその意を汲んで巣に向かった。ここで木片はコミュニケーションの道具としての役割を担わされている。雌はそれを認知して行っている。雄の方も雌の行動によって、その思いを理解し、反応を示したのだ。

目の前の木片なり石なりに反応してわざわざくわえて運び、その上つがいの相手に見せつける。これは彼らの生きるために獲得した魚を獲るという行動を基本にしたものと考えてよいだろう。そしてこの基本行動がヤマセミたちの生活上の都合と相互作用を起こし、少しずつ違った側面を抱え込むことになったというのが実情ではないだろうか。木片なり小石を道具にするのはこの相互作用の結果である。基本動作を利用して別の用途に応用したと言うべきであろう。これは適応のプロセスといって良いかもしれない。ローレンツの言い方を借りれば、「その棲む環境で生き残ってゆけるように作りあげてゆくプロセス」[2)] がそこに偶々凝縮されよく目に見える形で姿を現していたと私は考えているのだ。

ヤマセミは小石遊びをする

巣穴の中で目についた木片をくわえて土手の止まり木まで運ぶという運動パターンの基本について述べてきた。その同じ巣穴の中の小石を運ぶ行動についても触れておくべきであろう。

巣穴から出て、川岸まで木々の間を抜け川岸まで約 30 メートル。その岸辺から下流約 40 メートルに舟がつながれている。彼らは巣の補修中、巣穴を出るとほぼ滑空飛行したまま川の中央近くまで進み、そこからごく自然に大きな円を描くように滑空したまま舟に戻ってくる格好だ。この基本となる小石を運ぶ行動は第Ⅲ章の表 2（p.81）において少し示したとおりである。

彼らは、小石をくわえたまま飛び舟まで運んでくる。巣の補修中、彼らは掘り出した土はその時々で後ろ向きになり巣の外に蹴りだす。そうしながらその土の中に混じっている小石をくわえて運ぶわけである。もはや用のないものであるから途中で川の中に捨てても自然に思えるが、舟まで運んでくる。そのこと自体、彼らにとって主観的に楽しいことであると言ってもよいだろう。夢中になって小石を運んだシーズンのことを語ることにしよう。

目についたものをくわえて運ぶという動作、葉っぱでも木片でもくわえて戻る動作を起こさせるこの超正常刺激に対する反応は、土の中の小さな石にまで及ぶように彼らは適応してきたようである。

先の表の話に戻ろう。小石運びは 2008 年秋に始まる繁殖シーズンに最も盛んであった。

その前のシーズンでは際立ったものではなかったが、そのシーズンでは俄然目立つようになった。巣穴そのものは 2008

年秋を含めてすでに4年も同じ穴を使ったが、その内部が崩れ、そこに小石が多かったのかもしれない。

小石は彼らがそれをくわえて川に出たすぐにある大きな岩の上に落ちていることもあったが、大部分は舟の中に落ちていた。2008年10月中旬舟の持ち主が私に小石は誰が置いたのだろうかと聞いてきた。舟の底にコロコロ転がっていたのだ。子供は殆どそこに来ることはないし、それはヤマセミの仕業であろうと私は答えていた。

小石はその人によると9月中旬から時に見たという話であったが、私がその気になって小石を集め記録し始めたのは10月21日からである。その年内の小石運びは、11月の末までぽつぽつと続いた。重さをはかり記録したのは10月21日から12月末日までと3月6日から3月28日のものである。

10月からのものが全部で約500グラム、3月のものが約250グラム。その中で大きなものは一個で32.4グラム、小さいもの2.1グラム、2グラムクラスが5個、32グラムクラスが2個、後は平均11グラム程度の重さがあった。

興味深いのは、2グラムくらいの本当に小さいものが多いことである。巣穴を補修中に出てくるであろうそんな小石は土くれと同じように蹴りだしても不思議ではないものであろう。土は巣穴の外に大量に蹴りだしていたからその中にそんな小さい石が混じっている、そしてほとんど土にまみれて見えない可能性は充分ある。それをわざわざ取り出しくわえてくるというのは、超正常刺激への反応から逸脱するものであろう。彼らはその逸脱した行動をすることを楽しんでいる、滑空して大回りす

Ⅳの③　トシイエが小石を運んできた（2008.10.25）

ることを楽しんでいると私は考えている。

滑空している間も赤土まみれの小石を味わっているにちがいない。嘴にも足にも翼角にも土をつけ小石をくわえて舟につくや振り回し投げ上げくわえ直すのである。そんな一場面を絵（Ⅳの③）で紹介しよう。

更にその後の彼らの行動が私の興味を引くものであった。小石を運んできて舟べりに止る。その石を水に落とす時もあるが、大部分は舟の中に落とす。その時に小石がたてる音に私は注目しているのである。穴ぐらハイドに入っている私には、すぐ目の前で演じられる行動だから、音の細部までよく聞き取れる。その時彼らがその小石を直接舟底に落とせばコトンという音になるはずが、必ずコロコロコトンと響く。彼らは、舟底に向かって少し傾斜している舷側の板に当たるように落としているとしか思えない。小さい石だとコロコロコトン、大きいとゴロゴロゴトンと響く。比較すると、水に落とせばポチャンでおしまいなのだ。小石を玩ぶ行為はこの音を響かせるところまで含んでいるのではないかと思われるのである。

> 小石を舟まで運び、それを玩び、更に落として乾いた音を響かせる。これらは彼らが生来持っている巣穴補修という仕事から派生した行動であろう。その逸脱した行動がもたらす快感を幾度も繰りかえす。快感をもたらさない行為を生きものが繰りかえすとは到底思えない。この一連の行動は、遊びとして彼らの生活に既に組み込まれていると言って差し支えないと信じている。

2. ディスプレイ・フライトとヤマセミの思い

ヤマセミは滑空する

ヤマセミたちを観ていて私は思う。その時々に身を置いた状況に応じて彼らのうちに思いがつのる。その思いに応じてある飛び方をする。1羽でも2羽でも飛ぶ。この観察地の中での狭い限られた見聞ではあるが、これからたどって見ていくことにしよう。

最初に「朝の出現の図」（Ⅱの②）（第Ⅱ章、p.24）を見て想像して頂きたい。

幅の広い翼をフワッ、フワッと緩やかに打ち振り上下動もなく滑らかに川を下ってくるところである。そしてなじみの木に止ろうとすると、そこまでの慣性と翼の揚力を利用し滑空に移って高い枝まで上昇する。飛んでくる時は水面上1-2メートルくらいの高さで、そこから10メートルばかり上の枝でも滑空の態勢のまま軽やかに上がっていく。彼らの飛行には様々な形でこの滑空が生かされている、というより、この滑空は生得の飛行行動であると言った方がいいだろう。

その1例として、雛が巣だちをする時の飛び方をあげておこう。2009年6月21日朝6時40分になっていた。その日3羽の雛が巣だったが、そいつは1番最後の個体だった。大抵の雛は巣を出るとバタバタ羽ばたいて川に出る前にどこかに下りる。しかし、問題の雛は、巣穴から飛び出てすぐホバリングに移り、ほんの数秒高度を下げず様子を見るとスーッと滑空に移り川に出、高度を下げたまま中州までのほぼ70メートルを滑空で飛んだ。そしてその近くにいた釣り人にまとわりつくようにしたところで親が加わり無事に中洲の林に入った。

巣だった直後に、初めての飛行で問題なく滑空で移動できるのである。この滑空を多用するのが彼らの飛行の形の基本になっているに違いない。

2羽によるディスプレイ・フライト

そこまで見ておいて、ここでの主題ディスプレイ・フライトに話を移そう。彼らはディスプレイ・フライトと呼ぶにふさわしい飛び方をしきりにしてみせる。私が言っている彼らの繁殖期、秋10月から巣だちをする6月ごろまでに目立つようだが、ここでは大きく分けて1羽によるものと2羽によるものとについて話を進めることにする。繁殖期の時間の進みの中で、巣穴の補修中に特に目立ちだすのが2羽によるフライトである。

これはつがいの2羽によるもので、気を合わせて飛ぶと形容してもよいくらいシンクロナイズした、つまり綺麗に同調した飛行である。先に示した第Ⅲ章の表2「にじり寄りと巣の補修」(p.81)にその典型的なものだけを示している。

巣の補修中は、寒い季節でもあり人の出入りはない。邪魔になるものが無く2羽が一緒に活動し巣穴ほりに熱の入りだすころである。2羽で交代し時には一緒に巣穴に入る。共同して働くこと、声を掛け合いながら巣に出入りするなどのつがいの環境が平穏に整っていることと、このフライトは強く結びついている。このフライトは彼らのその時の状況が形をとって表れたものと考えてよいのではないか。

ただ、このディスプレイ・フライト、観察を始めた2005年の春から見られたわけではない。少なくとも私の目につくものではなかった。2005年も2006年、2007年の春先にもその気配はなかった。2007年の秋からそれと分かる形を見せるようになった。

普通2月から巣の仕上げにかかる。その前の1月に2羽でのシンクロナイズしたディスプレイ・フライトが増えた。3月はもう次のステージ、交尾とプレゼントが表面化する時期である。つまり、1月に2羽によるフライトが増えるのは、2、3月のステージに向かう2羽の間のコミュニケーションに深くかかわることと結びついている。2羽が巣穴補修に対する欲求をそれぞれ抱いているが、その欲求の強さの波にズレがあることが観察からよく分かる。そのズレを感じていて、彼らはそのズレに修正をくわえたい。それがこの２羽が意識してタイミングを合わせて綺麗なフライトをしようとするところに表れていると私は考えるのである。

次の絵（Ⅳの④）は、2008年１月31日の朝、300メートル・ポイントに座って目撃したフライトである。２羽は勿論トシイエとおマツ。その朝８時10分いつもの通り動きを見せほぼ同時に２羽は川上から現れた。２羽は足場の丸太に乗ると祈りのポーズに入り、８時20分同時に飛び上がってディスプレイ・フライトに入った。このころの２羽の状況を振り返ってみると、巣の補修が再開し、２羽で巣穴に熱心に入りだし、それに呼応するようにディスプレイ・フライトが盛んにみられるようになった。

この絵に示したのは、２羽のディスプレイ・フライトで完成した形と私が考えているものの１つである。鳴き声もたてずシンクロナイズし、途中で飛行コースを交差して静かに飛んだ。翼は水平に横に伸ばし、首を立て、冠羽も立て、出来るだけ滑空を続けるよう体勢を維持しながら飛んだ。２羽による２羽のための舞とでも形容したいフライトであった。

但し、この場合雌のおマツはすぐ後にもう１つ別の行動を付け加えて見せたのである。

それは、今足場に止った雄トシイエへのアピール行動であった。

トシイエは足場、おマツは第１柳の高い枝にいて、それぞれ巣穴の方を見ていた。祈りのポーズである。ところが、その途中おマツは第１柳からスイーッと急降下して、ほぼ真下と言ってもよい足場の雄トシイエをかすめるように飛んで滑空したま

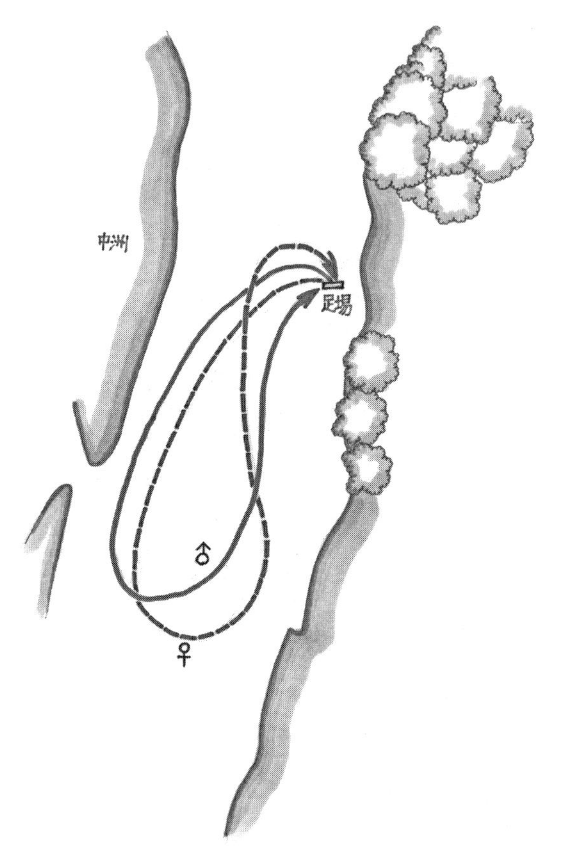

Ⅳの④　2008 年 1 月 31 日の飛行図

ま急上昇して止まり木にあがった。

止まり木は、既に述べたと思うが、その時期巣の補修に向かい巣から出てきた時に戻るいわばプラットフォームの役割を果たしていた。おマツはトシイエをかすめて刺激し、止り木に止ることで、補修に向かう体勢をイメージとしてトシイエに伝えようとしたと考えられる。

今のディスプレイ・フライトを中心に、彼らの前後の行動をまとめてみると、次のようになる。

見張りに出て帰ったトシイエがやって見せたディスプレイ・フライトに合流したおマツは、つがいの相手の活動に理解を示し、そのフライトに意識的にシンクロナイズするように合流している。更に、一時たたずみ休んでいるように見えるトシイエをかすめ飛び巣に向かうよう強く促していることを、巣に向かう時に一度止ることになるプラットフォームを使い伝えようとしたとみているのだ。

この場合、雌のおマツは雄のディスプレイ・フライトにシンクロすることで、協調の思いを表わすと同時に、止まり木に移動することで、自分が強く抱く巣の補修に対する思いに雄の意識を向けさせる努力をしていた。この雌の振る舞いは、相手への理解力、そのことを伝えようとする表現意欲、そして実践力を示していると私は考えている。

先の表（表2、p.81）を見てもらうと分かるように、2008年～2009年のシーズンは「にじり寄り」がぐんと減った。特に秋には一度しかなく、その間に2羽でのフライトが急に増えたのである。このことは、雌はアピールの仕方を工夫したとしか思えない。お節介に迫るのではなく、相手の立場を理解し、相手の行動に参加し、協調の雰囲気をさらに強め、それを共有する方向に意識を変えたようであった。

２羽でのフライトが急増したこと全体を見渡してみて、つがいの共同作業に関わってトシイエとおマツはお互いの働き方にずれを生じていた。その協調の在り方を改善するよう努力するその適応力は雌のおマツによりはっきりと現れていたようである。

次に巣だち日間近のディスプレイ・フライトに触れておこう。

それは満ち溢れる充足感、さらに言えば「歓喜」という言葉を使うのも可能だと思われるフライトであった。親たち、ここではトシイエとおマツが巣だちの日を知っているかのように巣だち３日前から連続して（正確には１日抜けたが）同じ場所で同じようにフライトを見せたのである。挿絵を使いながらそれらのフライトを追ってみよう。

巣だち３日前の朝であった。普通巣だち直前の朝は親たちがしきりに巣穴の周りを飛び回り雛たちに刺激を与えるのであるが、その日は巣穴の中の雛たちを刺激するような行動は１つもなく、ただ２羽は静かにこのフライトを見せた。飛行はいつも通り飛び出してすぐ２羽は交差して水面をかすめるように滑空して大きな円を描いた。フライトはこの６月18日の朝５時41分から始まったのである。

その日、河原には300メートル地点に座る私以外誰もいなかった。５時15分に河原に出て腰を下ろしてから20分して２羽は川上から戻ってきた。雌のおマツが魚をくわえていて巣に入った。魚を雛に与えたのであろう、間もなくゆっくりと尾を先にして出て足場に下りてきた。それから６分後おマツが飛ん

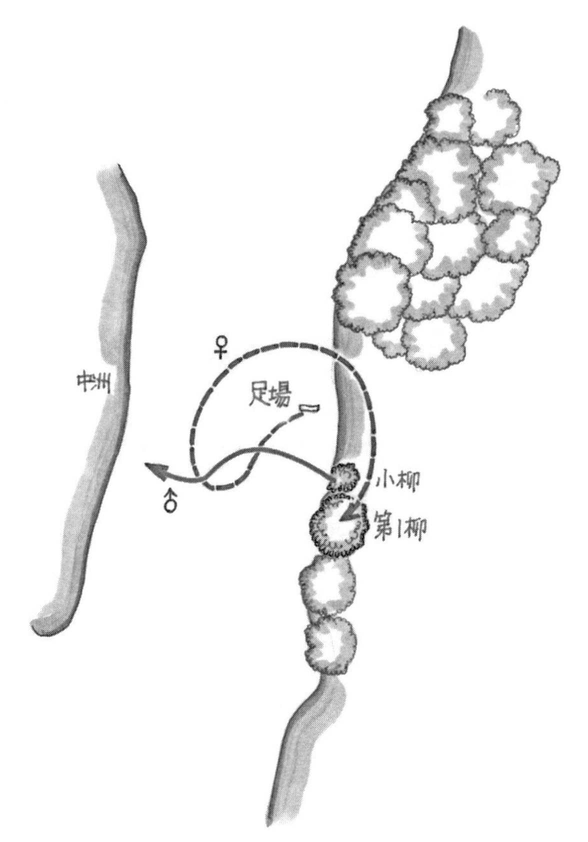

Ⅳの⑤　2009年6月18日の飛行図

だ。その時トシイエは第1柳のすぐ下の小さい柳にいたのだが、それを見てすぐ枝を離れてフライトに合流した。おマツは雛の様子を見て巣だちを予感し、その思いをフライトで思い切り発散したようである。その思いを感じ取りトシイエは共有するためにすぐさま飛び出しシンクロナイズした2羽のディスプレイ・フライトをおこなった。その行為は、まさに「演じた」もので、2羽で演じたディスプレイ・フライトと呼んで差し支えないであろう。

次の19日は、フライトはなかった。ただ、2羽は魚を巣に運んでは与えないで戻って来ることを繰りかえすばかりであった。いつもの巣だち間際の、「誘い出し作戦」とでも呼べることに忙しかった。

おマツもトシイエも魚をくわえて巣に入るが、いつものように奥には進まない。尻尾が外に出ていてそれがピリピリ上下に動く。間もなく尻から落ちるように巣穴から出る。ともかく魚は与えていた。おマツは約50分に一度は魚を運んではおあずけをした。こんな風に2羽は昨日とは全く違った行動をしていた。彼らは作戦を日によって変えるのだ。

そして次の日、6月20日の朝雌のおマツが魚をくわえ足場に来た。すぐ第1柳に上がり巣に飛んだ。入口に入ったところで尻尾をピリピリ動かす。すぐに出て足場に戻った。魚は与えずくわえており自分で食べた。5時34分である。それから少しして第1柳の下の小さい柳から雄のトシイエが飛んだ。すぐに応じておマツが第1柳の上から下りてフライトに加わった。次頁のⅣの⑥がその図である。

次に巣だちの日、6月21日の様子である。朝5時18分、トシイエが中州から魚をくわえて飛んでき足場の丸太の上に下りた。どうするか見ていると、彼はそのまま魚を食べてしまった。その直後足場からトシイエは飛びたったと同時に第2柳か

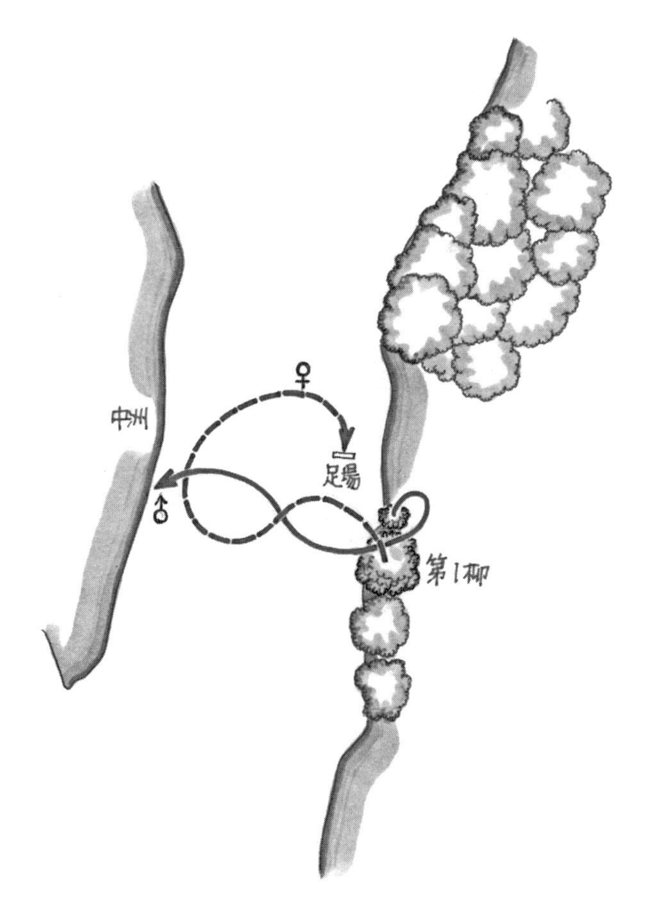

Ⅳの⑥　2009年6月20日の飛行図

らおマツが下りてきてフライトに加わった。すぐに飛ぶコースを交差させ大きく旋回した。おマツは第１柳に上がり、トシイエは中州に向かった。

シンクロナイズしている最中の2羽は、どちらも首をグイッと立て、鳴き声も上げず、なめらかで静かな飛行をした。これは巣だちが始まる丁度2時間前の行動であった。

彼らがフライトにかかる時の動きは、非常に静かなもので、激しく急激な様子は何処にもなかったが、その内に湧き上がる思いはそのなめらかな飛行の完成に注ぎ込まれていた。それが理解できる故に相手が飛び出すとそれが移動のためでなく、思いの表明であることを認知し、すぐに反応して合流しその気分を分け合おうとする行動がここで取り上げているここのヤマセミたちのディスプレイ・フライトであると私は解釈している。

2羽の協調ぶりを振り返ると、18日はおマツがフライトを始め、20日はトシイエ、21日もトシイエと日によってつがいの片方だけではなく、両方がきっかけづくりをした。相手がそれを見てすぐさま合流し2羽でシンクロナイズした飛行を演じるのである。しかも必ず飛行コースは交差させた。この一連の行動は、雛たちが巣だつことを想定し、つがいの相手の思いを理解し、そして反応しフライトに加わることで内面に湧き上がる思いを形に表す実践力を示すものと言ってよいだろう。

1羽によるディスプレイ・フライト

彼らは滑空を交えた飛行をし、大きく川面を回って元の木に戻る行動を頻繁に見せる。大きくと言ったが、彼らのこの繁殖中心地の川幅は約70メートルあり、その空間を使って円を描いて飛ぶのである。

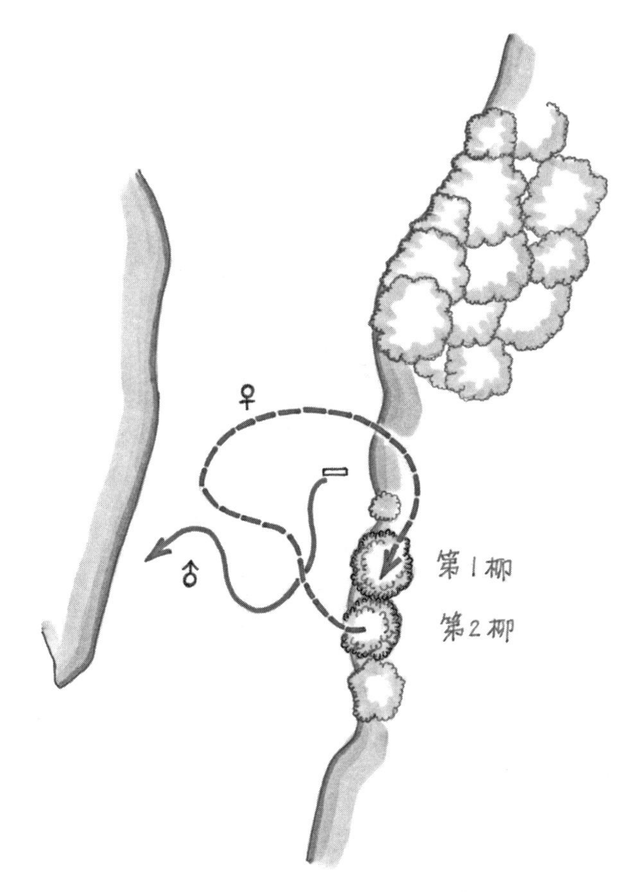

Ⅳの⑦　2009年6月21日の飛行図

多くの場合、つがいの相手はまだ現場に来ていない。気にかかるカラスなどもいない。近くに侵入した人間、例えば釣り人もいない。いるのは300メール下手にいる観察者の私だけである。このような何もストレスのないと考えられる環境の中にいてヤマセミが枝から飛び出しぐるりと回ってくる動機は何処にあるのか。

もしそれが縄張り行動であったとすれば、いつもの通り私のいる300メートル地点のすぐ手前の小柳に来ておかしくない。早朝彼らが到着した時のことを考えると、考えられるのは、自分の縄張りに着いて、その静かでだんだんと明けていく川面を前にして、何ほどかの爽快な気分をその飛行によって表明しているのではないかと想像するしかない。

ただ、彼らは何か表現したいのだ。この表現というのは大げさだとしても、内面に湧き上がるものを発散したい。それによって爽快な気分を得られることを彼らは知っていると思えるのだ。

例えば、先にあげた巣だち3日前にディスプレイ・フライトをした時のことである。雌がその直前に巣から出た時の飛び方が典型的なのであった。巣は地面から約10メートルの高さにある。そこから20メートルで川岸となる。その土手から水面まで5メートル。そこをすいーっと滑空して川に出た雌はそこで必ずダイブする。そして足場までカーブを描いて足場に来る。この滑空とダイブは彼らの飛行に欠かせない要素のようである。この要素がディスプレイ・フライトの骨組みをなしていると言っても間違いないであろう。

そのフライトおこさせるそれぞれの内面に湧き上がっているものがあるであろうと言っても、1つではなく複数の動機が重なり合っているものが多いようであり、即座に明快な解釈をするのは難しく控えた方がよいであろう。

しかし、状況により、内面とのつながりが明快に読み取れると思われるフライトを次に取り上げておこう。それらは、充足した気分から発生するもの、いらだちを表明するもの、そして釣り人を威嚇するためのものである。

最後に、それらから派生したとみているもの、儀式的なフライトになっていると私が考える飛行行動を取り上げることにしよう。

①　充足感に導かれたディスプレイ・フライト

雌のおマツが魚を食べてその場で2回続けてフライトを見せた例である。2008年12月16日朝9時17分、第2柳の下で魚を獲っておマツは休息の林のいつも利用する木の大枝に止って食べた。長さ10センチ以上はある大きな魚だった。

魚を獲って食べた直後彼らはよく激しいディスプレイ・フライトをする。茂みの下などあまり開放的でないところでやっていることが多く、見る機会は少ないと言うべきだろう。

その飛行行動は、滑空とダイブの組み合わせから出来ている。まず止っている大枝から下の水面にダイブしてから5メートルばかり飛んではダイブし、また引き返して戻り、次に距離を30メートル前後に伸ばしてその間を行ったり来たりするのだ。ダイブしたところでUターンし激しく翼を打ち振って揚力をかせぎその勢いで滑空する。ダイブそのものも必要以上に激しく、おマツがこの飛び回りに没頭している様子が満ち溢れていた。

その時近くにそのフライトを見せるものがいなかった。いつ

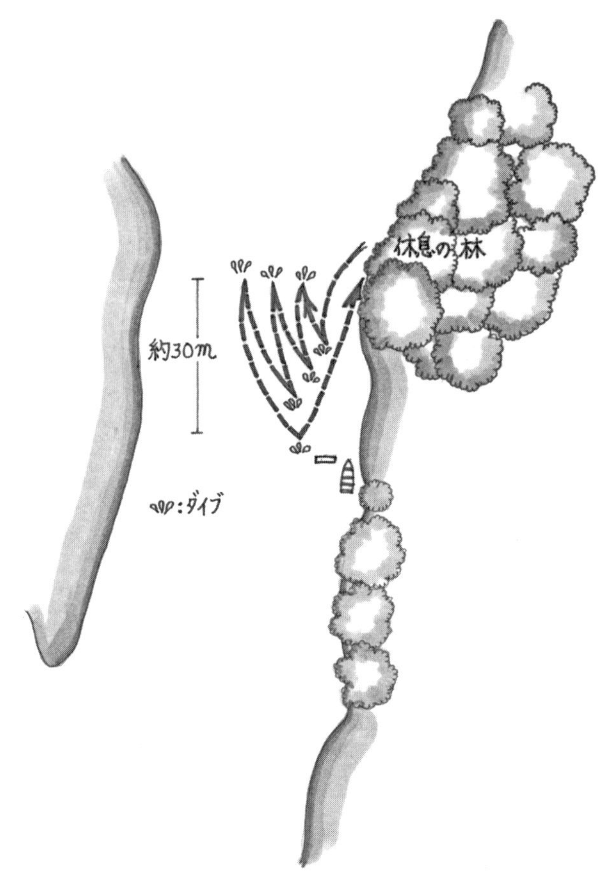

Ⅳの⑧　おマツのディスプレイ・フライト（2008.12.16）

ものように私は確かめた。つがいの相手は現場を離れて姿は見えない。釣り人も誰もいない。300メートル下手に私がいるだけでこれは問題にならないだろう。

このディスプレイ・フライトはヤマセミ自身の内的事情によるものとしか思えないのである。内部から溢れ出る思い、魚を食べた充足感が形を成している、つまり発現したというべきか、それは表現に近い行動のようであった。

②　いらだちの表明と思われるフライト

その朝雌のおマツと巣だった若鳥が2羽しか姿が見えなかった。その若鳥の1羽は特に雌にまとわりついていた。2008年6月27日朝のことである。この年巣だちは5月28日だったから、この日若鳥は巣だってから丁度1か月目であった。

この朝、釣り人は2人ずっと川上側にいた。おマツはこの人たちを威嚇することはなかった。私は夜明けごろから川下300メートル地点に座っており、自然物と同様であったと思っている。この環境の中、若鳥の1羽はキクー、キクーと鳴きながら飛びまわり、時におマツにまとわりついていた

この時期は、巣穴に雛がいるのと違い、多くの場合どこか高い木に止り遠くの若鳥を見守っている。ただ、恐らく餌をねだっているのだろう、時に若鳥が親にしつこくつきまとうことがある。そんな時のおマツの反応が次の挿絵（Ⅳの⑨）である。

おマツはこの時若鳥から離れお気に入りの舟に戻っていた。おマツはこの舟がとても安心できる場所らしく、本当によく使った。朝6時21分、舟から突然激しく2、3度ダイブした後すぐフライトを始めたのである。飛び方もダイブも必要以上に激しく力が込められていて、おマツはその動作そのものに自ら興奮し没頭している印象があった。向こう岸からの帰りも勢い

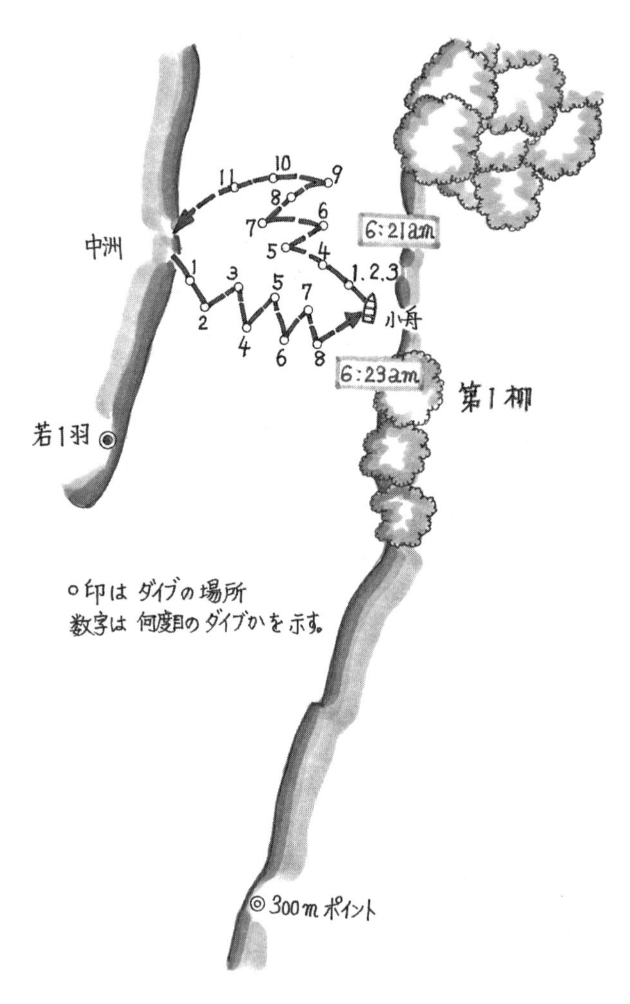

Ⅳの⑨　おマツのフライト（2008.6.27）

は衰えず同じようにジグザグに飛んでダイブも加えた。

このなりふり構わぬというべきか、おマツの当たり散らすような行動は、若鳥のまとわりつきから来る苛立ちを振り払うのに充分であったと言ってよいだろう。おマツの内面に鬱積していたものを一気に発散していたようである。

③　釣り人を威嚇するディスプレイ・フライト

2009年5月3日、前日同様釣り人が川に多く出ていて、対岸、止まり木の丁度向かいの浅瀬に早朝から5人が点々と並んでいた。そこまで止まり木から約80メートルだ。

第1柳にいた雄トシイエが巣に入った。7時59分。約1分して巣穴から顔を出した雌おマツはスーッと滑空して水面近くまで下り、真っ直ぐ1番近くにいる釣り人に向かって行った。すぐ側まで行ってダイブ、グルグル飛んで釣り人を巡ってから中州の木に1度止った。すぐまた飛び出し、釣り人を脅すように滑空して巡りまた中州に入った。

更に2分してもう一度その釣り人を脅してから第3柳に上がってフライトは終わった。

このような威嚇の飛行はほぼ毎日のように見られた。この年の孵化は5月16日だったから、その13日前のことである。おマツの行動を次頁の飛行図（Ⅳの⑩）に示してみた。

④　フライトのためのフライトと思われるもの

ヤマセミの観察の殆どは300メートル・ポイントと呼んでいる河原に座っておこなってきた。ディスプレイ・フライトはそこからだと動きの初めから終わりまで見届けることが出来た。

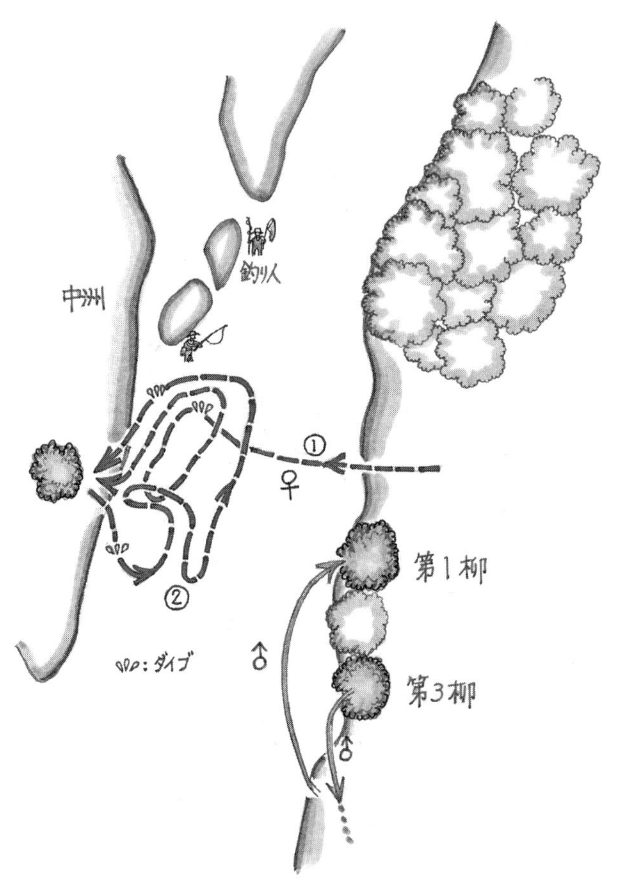

Ⅳの⑩　おマツの飛行図（2009.5.3）

ただ、その写真を撮るには遠すぎた。普段写真は殆ど穴ぐらハイドから撮っていたのだ。

ある日私は滅多にないことだけれど、問題のフライトを写真におさめるために思い切って200メートル地点まで出てそこの川岸に座った。というのはこの種のフライトはそう頻繁に起こるものではなく、朝彼らが出現した時でも、釣り人がどこかにいる時でも時を選ばず突然起こるので、こちらが予想してとらえることは難しい。

まだ秋のシーズンが始まったばかりだしそんなに影響を与えないだろうと思った。私は自分に「今日は釣り人だ、いつもの観察者ではない」と言い聞かせて出かけた。へんな釣り人に違いないが、朝早くの観察者ではない、偶々そこにやって来た人間のつもりで、ごく普通に座っていた。2012年11月27日の昼ごろであった。

何処にもヤマセミの姿はなく、気配もなかった。出てくるかどうかも分からずただじっと待った。私以外誰も河原にはいなかった。

ここで取り上げるものは2羽によるシンクロナイズした、つまりつがい同士の気分の高めあいではなく、1羽によるその時々の現象への反応と思えるフライトでもなかった。

それは、典型的に形の整ったフライトと呼ぶのが相応しいと考えているもので、川を上下に長く使い、真っ直ぐ低く川面をかすめるように飛んでみせるフライトである。

彼らは、出来る限り水面すれすれに滑空したまま進むことに集中する。時にはわずかに翼の一方が水面に触れることもあり、両翼共に水面をたたいてしまうこともあるが、懸命に揚力を保ったまま何処まで行けるか絶えず試しているようである。ある時は、水面をたたくのを避けるためだろう、イソシギのように横に伸ばした翼の先だけを振り動かすこともする。あわや墜落というところで自らダイブしすぐに飛び上がってまた前へ進む。これを2、3度繰り返すと数十メートルは進む。そこでダイブしUターン。また帰りも同じ滑空とダイブをしながら戻る。これが多くて2往復。大抵は1往復して次は小さめの滑空をつないで終わるようだ。その間鳴き声も出さず全く静かな空間をただ滑るように飛び、ジャボンと音をたてる。

これを始めると、もう威嚇とかは関係なくなり、その行動に没頭していた。滑空することに集中し、人間の私から見て、それは本当になめらかで美しい現象であった。それまで見えなかったヤマセミの内面の１部が見えたという瞬間である。

Ⅳの⑪　滑空してみせるディスプレイ・フライト（2012.11.27）

彼らは飛ぶために飛んでいる。滑空とダイブを組み合わせギリギリまでその２つの要素を練り上げることに熱中する。それは威嚇とか縄張り誇示という目的を越えていて、飛行そのものを楽しんでいるというべき行動であった。

3.　鳴き声で思いを表明する

ヤマセミたちは実によく鳴く。その声は、よく知られていると思うが、キョッという一声が基本になっている。静かな環境であれば、一声ずつ間をおいて続けることが多い。彼らは１度木の枝に止ると、腹をぺたんと止まり木につけ落ち着いてしまうのだ。止まり木に静かに座り込んで鳴くこの静かな調子の鳴き声が、300 メートル川下にいる私にまで届いてくる。

こんな彼らの生活のリズムが気に入っているのである。ただ、彼らの声の世界の広がりの前に私は手も足も出ない。それでも、ここでひとまず私が耳にし理解したと思えることをまとめておこうと思う。

鳴き交わしの声、つぶやき、緊張の度合いによって変わる声、そして興奮時の高い声の４種類に分けて説明してみよう。

①　鳴き交わしの声

既に述べたように、観察時間の約２割はぐっと彼らに近づいたところに身をひそめた。穴ぐらハイドか舟小屋に入るのである。それだけの時間だから経験するというか集中できる彼らの鳴き声の量はしれたものであった。

ただ、彼らの声を細かく聞き取れる環境には実は恵まれていた。彼らがよく利用してくれる水中の足場と舟だと穴ぐらハイドから20メートルである。舟小屋に入れば土手の止まり木まで30メートルである。舟小屋の2メートル上には彼らのプラットフォーム、つまり巣の補修に向かう時、出てきた時に絶えず利用する木の枝があった。

そこで一番よく耳にする機会を得られたのが、ナリマサとおハルのキョッという落ち着いた鳴き声であった。朝早く小屋に入っていると小屋の前方にある土手の止まり木におハルがやって来る。彼女は小屋の方を向いている。しばらくしてナリマサが姿を現し、小屋の真上に止る。そして長い間鳴き交わす。2羽ともその場を動かなかった。特に雌のおハルは静かに座り込むようにしていた。

何度も何度もその時の鳴き交わしに接していると、2羽の声にかなり違うところがあることに気づいたのである。

同じキョッでも、雄のナリマサの方は、尻下がりだけれど、おハルのは尻上がりである。他のカタカナに置き換えてみると、土手の止まり木に止まっているおハルのは「チッ」なのに、頭の上のナリマサの声は「ツッ」と聞こえる。この声が2、3秒の間をおいて私の頭上と土手の止まり木の間で響き合うのであった。この声の質の違いは、トシイエとおマツの間でも同様であった。トシイエが尻下がりでおマツが尻上がりなのである。

② つぶやき

この種類の声は、私の経験では雌からしか聞いていない。ごく低く訴えかけるような雰囲気で、相手に向けて鳴く声である。広く周囲に聞こえるようにではなく、あくまで、近くにいるつがいの相手に向かって発するもののようである。

1番よく耳にしたものは、低いギュイー、ギュイーという声である。勿論彼らのすぐ下にいるので聞き取れるくらいひそやかなものである。ある1つの実例をあげることにしよう。2011年4月2日の朝トシイエとおマツのつがいはまだ巣籠りをしていなかった。つがいの間での抱卵の交代が認められたのは4月17日だから、それまでまだ2週間もあるころのことである。

その朝、6時1分に第1柳の下のハイドに入った。

6:10　2羽の声が川上から下ってきた。そのあと彼らは中州に行ったようで、姿は目の前になかった。約20分してトシイエは休息林へ、おマツは私の上、第1柳に来た。

6:35　私の頭上でギュイー、ギュイーと低い声がする。一方トシイエは辺りを飛び回っていた。

7:08　またもギュイー、ギュイーと同じ低い調子で鳴きだした。

7:32　トシイエが舟に魚を持ってきた。すぐ目の前だ。おマツはすかさず下りてきてトシイエに並ぶように止った。しかし、魚はもらえずトシイエは見せびらかしただけで自分で食べた。2分ほどどちらもボンヤリ並んでいたが、舟を離れた。

これなど、雌の雄への甘えの声と捉えてよいだろう。ただ、この甘えの声も状況で多少鳴くタイミングは変化する。

既に例にあげ挿絵もつけておいた雄のプレゼントの場合（第Ⅲ章、 p.90)、魚をもらった雌のおマツは、その後私の頭上、第１柳に上がりそこでギュイー、ギュイーと鳴いたのである。魚を与えたトシイエはまだすぐ下の足場にいた。そのトシイエに対して鳴いているのは明らかで、少しニュアンスは違ってくるが、広い意味でトシイエに抱いている喜びの気持ちがそのような鳴き方を導き出したようであった。

その他クルクルクル……と続く声もある。先のギュイーより多少強い調子の声で、これは巣の側など、巣の補修にかかっている時に巣の直前の木に止った方と巣穴にいる方とがキャラキャラキャラキャラ……と鳴き合う合間によく出す声である。この声も殆ど雌が出しているようであった。

また、このクルクルに似た声を出すこともある。例えば、トシイエが川上から帰ってきた時、第１柳の上でおマツがククク……と鳴いたこともある。彼女は子育て中で（2009年６月16日)、タイミングとしてはトシイエの帰りを歓迎していると考えてよい種類のつぶやきであった。

③　緊張の度合いを映し出す鳴き声

これは静かにしている時のキョッと基本は似ているが、これはキッと短く様々に変化する。その時々の環境に彼らがどのように反応しているか、その内面の状況を映し出している種類の鳴き声と考えている。

ある例をあげてみよう。ある朝彼らのいる向かいの川岸には6人の釣り人がいた。

それで、ヤマセミたちはこちら岸をうろうろし、早いピッチのキキキキ……という鳴き声を立てて（2008.5.23)、苛立ち怒りをあらわにしていた。

またある時、私は250メートル・ポイントにいた。雄のナリマサは止まり木でペレットを吐き出したのが見えた。彼らはそこでゆったりとしていたのだ。その4分後、彼は飛んで下ってきた。キキッ、キキッと鳴きながらだ。少し気持ちが高ぶっているようである。私の座っているところまで約100メートルのところにその当時増水で倒れた木が枯れた状態で横たわっていたが、ナリマサはそこに止り落ち着いた様子で辺りを見渡しだした。この時は、平静なキョッ、キョッになった。

そしてさらに4分後、キッキッと鳴いて枝を離れて私の脇約30メートルを通り川を下って行った。通り過ぎざまに、こちらを横目で見てキキキキ……と激しく調子をあげ鳴いた（2018.10.29)。

またある時は足場にササゴイがやって来て動かなくなった。すぐ上、第1柳にいたおマツはよほどそれが気に入らなかったとみえて、5分間もキッキッと鳴きつづけ　おまけにササゴイの側にダイブしてドブンと大きな音をたてた。効果は絶大でササゴイは飛んで逃げた。

キッという声はこんな風にその場その場で微妙に変化する。飛び立つ時、木の枝に止ろうと水面近くから木の高いところに止ろうとする時にはよくキッキッキッキッと鳴く。そこには、多少威嚇の色合いがこもっていると感じられる。その鳴き声によって自分の存在を強く主張しているらしい。その声が耳に届くので私はその存在に気づくことが多いからである。

④　強い興奮状態にある時の声

キャラキャラキャラという鳴き声のことであるが、これと1番強く結びつく典型的な状況としてつがい同士が相手を迎える時の叫びをあげておきたいのである。叫びというくらい強く響く声である。私の経験であるが、穴ぐらハイドでも、舟小屋に入っていても、繁殖期には、土手の止まり木から、小屋の上の枝からしきりに聞こえてくるものであった。

朝早く舟小屋に入っていると、つがい相手がやって来たという場面で土手の止まり木にいて大声でキャラキャラ……と鳴く。雄も雌も同じようにこの声を出す。文字通り歓迎する気分を映し出していると私はみている。繁殖期、決まった止まり木などのプラットフォームと言ってよいところに先に来ていた個体が遅れてきたつがい相手の姿を見て鳴くのだ。ぴんと立ち上がり首を立て少し前のめりになって大きく嘴を開いて鳴く。つがいの2羽の相手に対する思い、やっと来たという喜びとでも呼ぶべきものであろうか。

この声を聞いて思い出すのは、山階芳麿著、『日本の鳥類と其の生態』の中にあるヤマセミについての記述である。それは漢字を含め言葉が難しいので現代風に解釈すると、「なお川口孫治郎氏によると、繁殖期にはクワラ、クワラ、クワラという叫び声をあげて雄雌が飛び回る」と語られている。この本は初版が1941年だからもう80年余り前の本である。その当時、鳥たちの生態を追求した方々のことを思うと感動するのだ。

孫治郎氏が観察した通りである。ただ、私の体験を基に少し細かく見てみると、このキャラ、キャラ、キャラという声は、特に巣の補修に向かって飛ぶ体勢に入っている時、そして巣の側で補修にかかりながら、巣の外で見ている個体と巣の中から外を覗く個体が鳴き交わす典型的な声と言ってよいだろう。巣作りに集中し、2羽の思いが鳴き合うことで高められている証であろう。

この声は、補修をいったん休み、巣を離れた「休憩」の間に、中州などに2羽で出向いている時などにも聞こえてくる。お互いに少し離れて行動しながらそれぞれの思いを表明し続け確かめあっているようであった。

最後の怒りの表明の叫びである。1つの例を挿絵（Ⅳの⑫）と共に取り上げてみよう。フクロウが自分の方に向かってきたという時のトシイエの振る舞いである。

これは舟小屋の上にある最初の止まり木に止っていた雄のトシイエが叫んでいる姿である。この冬2羽のフクロウが柳林に現れ、昼間も活動する日もあったが、大抵は朝早くに川上に帰っていくのであった。フクロウがこの林を離れる時、どうしてもこの止まり木のすぐ前を通るのが最も楽だったようで、両者がそこで鉢合わせすることが多かった。トシイエはそのことをよく知っていたと思っていいだろう。彼にとってはフクロウが真っ直ぐ迫ってくるのは恐怖でもあったようだ。立ちふさが

Ⅳの⑫　フクロウが向かってくるぞ（2009.2.12）

り怒りに満ちて叫んでいるところである。トシイエは尾をピンと立て大声でのキャラキャラ……となった。感情が高まるとこのように尾をピンと立てるのである。

ハヤブサのところ（第Ⅱ章、pp.53～54）でも触れたとおり、彼らは猛禽類が迫ってもパニックには陥らないらしい。最後のところでやり過ごすのである。このフクロウの場合も、トシイエは最後にはするりと枝を離れた。

ついでながら、この怒りの表明はこの太田川の河原で初めて私がヤマセミたちに出会った時に大いに鳴きたてられ、抗議の大騒ぎを演じられたあのキャラキャラ……（第Ⅱ章、p.19）と同じ種類のものと言ってよいだろう。

> 私の経験に照らしてみると、このキャラ、キャラ……という声は、つがいが相手を迎える、いわば喜びの声である。そしてそのつがいが巣作りの共同作業にたずさわる高揚した思いを確認し合い共有するしるしとなり、また非常に高ぶった怒りの表明をも引き受けるもののようである。

第Ⅴ章　ヤマセミの親と若鳥たち

Ⅴの①　２羽の若鳥たち（巣だち後24日目）

この２羽（Ⅴの①）は巣だち後24日目の若鳥３羽のうちの２羽である。この日、私が観察のため小屋に入ったのは５時16分だった。これらの２羽が私の目の前の止まり木にやって来たのが５時59分。それから３時間彼らはその止まり木の上で過ごすことになった。2014年７月１日の朝のことである。

初めこの止まり木の上には左側の個体がいた。そこに右側の個体がやって来たのである。それから約１分したところで２羽は争いだした。初めからいた個体は腹がすいているのか落ち着かない様子で、後から来た個体に八つ当たりをした気配があった。このような態勢で押したり引いたり大口を開けて迫るのにもう一方が突っつこうと応じている。何度もこんなことが続いていた。

後から来た方が雄のようである。というのは喉の部分、胸の帯にわずかに朽葉色が出ていたからである。元からいた方は、その色合いがなく雌だと思う。ただし、若鳥はこの時期、まだ雌のように翼の裏が赤朽葉色をしている。それに、この白黒の挿絵ではわからないが、その薄く淡い赤色が横腹にもあり、翼をたたんでもそれが僅かに見える。なかなかしゃれた意匠なのである。

1　抱卵の始まるころ

2005年の冬にこの太田川のヤマセミたちに出会ったと初めに語った。ヤマセミについて経験の浅い私をしり目に彼らの生活はどんどんその側面を変化させていった。

4月に入るとすぐ彼らの気配は消えたようになる。飛びまわることもなく、鳴き声も立てずに動くので、私は遠くから目を凝らして彼らの行動圏を見守るしかなくなる。巣の補修は雄が率先しておこなっていた。卵を抱く仕事はどうなるのか、ただ岸辺の腰掛石に座ってきっかけをつかもうと待つ日々が続いた。何度も触れたように、私の観察は殆どが巣から300メートル離れた河原の腰掛石からのものである。だからよほど集中していないといけなかった。

まずは巣穴への出いりである。スーッと林の木々を抜けて飛ぶ姿は見逃しやすい。雄雌の一方が巣に入り、巣の中で卵を抱いていた方が出るという形がちゃんと見えないと、抱卵が始まったのかどうか何とも言えない。その形がなかなかつかめないままの年もあり、そんな時は、孵化の日、更に巣だちの日から逆算して抱卵開始日を決めた。

今言った抱卵交代は、交代した個体が、滑空して川に出、そこでダイブして体を洗い、そして遠くへ出かけるところで完結する。これが見えだすと此方はやりやすくなる。次の交代の時間はなかなかつかみにくいが、例えば30分くらい前に巣の近くに戻ってき、第1柳などに止ってその時を待つのである。そこで祈りのポーズをして巣を見守る。

抱卵交代の様子を語っておこう。その時が来ると、戻って来て待っていた方は、巣の直前の木に移る。そこでキョッと小さく鳴くこともあるが、大抵は鳴くこともない。多くの場合、そこで静かに巣を見上げ、気分が高まるのであろう、巣の方に、首を伸ばしたりすくめたりし、いわゆるポンピングをしだす。そして尾がきゅっと垂直に上がりだすとポンピングを激しく繰りかえし、そこで巣に向かって飛ぶことになる。巣の入口にとり付くとすぐに奥に進んでいく。殆どの場合それから1分20秒して相手が頭から出てくる。早くても1分だ。彼らは、巣の中で交代するのである。

それぞれの抱卵時間は決まっているのではないので、観察する方からすると随分厄介であった。50分くらいで交代することが多いかなとも思っていたが、それが普通というわけではない。ある時は、おマツが138分も抱いていた。その間雄のトシイエは巣から離れたところで92分も待っていた（2009.4.30）。観察したすべての例からみて、雌は戻ってくるとそのまますぐに巣に入ることが多いのに、雄は早くから近くに戻り1時間待つ傾向がある。

ただ、雌がリードしているように見えて、実は、彼らはお互いにコミュニケーションがよくとれていて、どう見てもお互いの「話し合い」、言いかえるとその時の状況の判断を伝え合って、交代しないこともあるのである。その例として2008年のシーズンを覗いてみよう。抱卵開始のすぐ次の日、巣が丸見えの場所に一人の釣り人ががんばっていた時のことである。

2008年4月3日

6:43　雌が珍しく300メートル地点の低い木に来ていて魚獲りをしていた。それで私はやむなく林の中で待った。

6:59　雌はそこから川下に飛んだ。それで私は300メートル地点に出た。

8:06　雌は川下から帰ってき、そのままずっと川上に飛び休息の林に入った。巣の正面の釣り人を気にしながら、雌は舟小屋脇の木に上がった。そこから巣まで10メールほどしかない。雌はじっと巣を見上げていた。

8:07　巣の入口に雄が顔を出した。そして数秒で雄は引っ込んでしまった。しかし2羽は確かにお互いを見ていた。それだけで雌は枝を離れた。交代はしなかったのだ。

私が300メートル地点に座ってから1時間24分でこの雄雌の対面が起こった。雄は交代せずその後も抱卵を続けたのである。前日から抱卵が始まったばかりのころだ。釣り人がいるし、用心して、お互いの顔を合わせて何事か伝えあい理解しあったとしか思えない。彼らの対応力を認めないわけにはいかない。このような状況への対応をしばしばするので、抱卵の時間は変化する。

ここで、この観察地で私が観察することが出来た抱卵開始日をあげておこう。開始日は、つがいによる抱卵の交代をはっきり見届けた時点で決めた。

次の表の「推定」とは、はっきりと抱卵開始行動が見届けられなかったので、その後の孵化日、巣だち日などの状況証拠により決めたことを示している。

2005年	4/5	（推定）
2006年	4/3	（推定）
2007年	4/3	
2008年	4/2	
2009年	4/26	（推定）
2010年	4/25	
2012年	4/14	
2013年	4/16	
2015年	4/20	（推定）
2017年	5/1	（推定）
2018年	4/13	

2009年に突然抱卵開始が遅くなったのは、既に触れたよう

に雌が巣穴の選択に大いに迷った年である。4月に入ってもまだ迷っていた。これが1つの大きな原因のようである。その次の年、さらに2017年はもっと遅れたが、その原因はよく分からない。それでも、2009年には1羽の若鳥を、2017年には3羽の若鳥を巣だたせたという事実はある。

雄と雌は交代して卵を抱く

巣の中の状態は想像するしかないが、雄と雌が交代で巣に出入りする姿で抱卵が始まったことを知った。その卵が孵るまで、私の観察では殆どの場合21日かかった。稀に22日の年もあったが、21日という日数は標準と言ってよいだろう。また、雛が1羽しかなく、親たちが、心おしいように、1週間でも第1柳に止って、じっと巣の方を見る姿を見ることもあったが、繁殖活動を再開することは、私の観察では見たことがなかった。

つがいの2羽は、分け隔てなく、抱卵を交代していた。ただその日に向かって静かに交代を続けるようである。それで、この抱卵の時期は、その河原にヤマセミなどいたかなと思うほど気配はなくなるのだ。

2　孵化を迎えるころ

しかし、孵化が近づいたことは、多少せわしない彼らの動きが垣間見られることで教えられる。その時期のことをたどってみてみよう。

1）　孵化まであと4日の朝である。雌のおマツは警戒気味であった。2008年4月20日、あと4日で孵化という日、巣穴の正面約70メートルのところに巣穴の方を向いて釣竿をたてる釣り人が2人いた。おマツは交代のために現場に戻り、釣り人たちを見守っていた。普通なら雌はすぐ巣に入るのに、この朝は約1時間第1柳の上の枝で過ごすことになった。巣の方を見、釣り人の方を見して尻尾を上げ下げし緊張していることを示していた。釣り人がいなくなり、おマツは巣に入って交代し、巣を出た雄は間もなく第1柳の上の見張場に上がった。雄の体はくしゃくしゃに乱れていた。そこでまた雄は巣に入って30秒ほどして出てきた。それから、雄はせわしなく辺りを飛び回っているのが見えた。雄は興奮状態にあるようにみえた。

2）　孵化まであと2日になった。つがいの動きは更にせわしなくなった。朝5時59分から7時31分までの約1時間半の間に、3度も交代したのである。それまでこんなに頻繁に交代することはあり得なかった。

3）　孵化の前日、4月23日の朝、5時56分に雌が巣に入って2分後に雌が出たきり2時間たっても雌が戻らなかった。その間、雄が交代して巣の中にいたに違いないと考えているが、その交代の瞬間は残念ながら捕らえそこなったのである。その後1時間たっても出てくる様子はなかったので、雄が巣にいて抱いていた可能性が高いということになるのであろう。

昼になっても、現場に帰ってきた雌は第1柳の見張場に止ったまま巣を見張るばかりであった。雌は巣に入らなかったのである。

4)　孵化の当日、4月24日の朝雌のおマツは忙しそうにしており、6時台の約1時間に、4回も巣に出入りした。これまでそんなに頻繁に巣に出入りすることはなかったのだ。雌はこの日雛の世話をほぼすべて引き受けていたようである。

その4回の出入りの内容である。雌は2回白い卵の破片と思われるものをくわえて巣を出、2回目にはその白い破片を食べた。少し詳しくたどっておこう。

2008年4月24日

6:03　雌が巣に入り雄と交代。

6:07　雌は巣の外に顔を出し様子を見ている。嘴には白い卵の破片のようなものをくわえている。巣を出た。

6:09　雌はまた巣に入った。

6:15　雌は顔を出す。また白い破片様のものをくわえている。キョロキョロあたりを見渡していたが、間もなく巣を出、休息林に飛んだ。いつもの太い枝の定位置に止り足もとの枝にその破片を数回たたきつけてから食べた。この朝、最初に雌と交代して出て行った雄は第3柳に行ったきり戻ってこなかった。

4月24日の雌の行動は興味ぶかい。卵の破片を雌が持ち出し、2度目には持ち出した破片を枝に打ち付けて食べた。孵化日であることを確信した。雄は抱卵を早朝に交代してから、近くの枝に止り、動こうとしなかった。この日雛の世話は雌だけがしていたことになる。孵化した日は多くの場合雌の舞台になるようであった。なお私の観察したところではこの日餌の魚を雛に運ぶことはなかった。

3　巣だちまでの日々

孵化と考えた日、つまり卵の破片を巣から運び出した日に、餌を運ぶ姿が見えなかったことが気になっていた。それで、他の年ではどうだったか調べようと記録をたどってみるが、彼らの行動は微妙に変化し、これと一つに答えを絞れないのだ。数例あげてみると、

2007.4.25　この日に孵化したと考えられる。朝11時51分、雄が卵の破片をくわえて運び出し、6分後雄が小魚を運んだ。嘴の先から魚の頭が僅かにはみ出すくらいの大きさの魚だ。

2009.5.17　この日に孵化。朝6時31分、雌が魚をくわえて出た。川岸の岩でたたいてから頭を先にしてくわえ直し巣に運んだ。巣にくわえて入ったが、そのまま持ち帰り、出直したようだ。雌の何らかの配慮が感じられる。その約20分後に雄が魚を運んだ。

2011.5.9　この前日に孵化。朝雄が3度小魚を巣に運んだ。5時27分―ごく小さい魚。5時48分―同じく。6時6分―嘴の長さの半分くらいのごく小さい魚を

運ぶ。

2015.5.12　前日に孵化。朝6時14分と39分に雌が小魚を巣に運ぶ。その後巣から出てこなかった。なお雌が巣に入って2分後に雄が巣から出てきた。雄がずっと雛と共に巣の中にいたのだ。

確かに、孵化の次の日から小さい魚を運ぶのがこの観察地ではふつうのようにみえたが、それも一般化することは出来ず、孵化の日に運び始めることもありそうである。ただし、ごく小さいサイズの魚で、1回か2回運んで様子を見るようであった。それに、雄が雛たちに付き添っていたり、それが雌の担当であったり、その時の事情がありそうで、それ以上のことは断定が難しい。

小さい魚を運び始める

運び始めるころ本当に魚は小さい。頭を先にしてくわえて嘴に丁度おさまるくらいのものである。近くで魚を捕らえ足場などで石に魚を打ちつけているのを見ていると、くわえ直しながら頭を先にくわえようくわえようとする意志が見え隠れして興味深い。それが6日目くらいになると、魚の頭は鰓から先がはみでるくらいの大きさになるのでその変化の速さに驚くのである。

魚を運ぶ頻度はそんなに高くなかった。勿論私の観察は殆どが早朝から長くて2時間であるが、彼らの活動は早朝に集中しており、昼間は餌運び活動はぐんと少なくなるので、観察時間を伸ばすことはしなかった。それにそんなに長時間活動する余裕がなかったのである。

孵化から10日ばかりたったころの給餌の様子を見てみよう。

2008年5月3日の早朝、孵化が4月25日、巣立ちは2羽で5月28日であった。観察は5時30分から7時54分の間である。給餌は；

5:47　♂

5:48　♀

6:45　♀

6:51　♀

7:21　♀

5時56分から6時51分まで雌は外に出ていた。雄雌ともに巣の外にいたのである。なお、雄は第1柳の上に上がったり、中州に飛んだりするばかりで、5時47分の1回を除いて給餌には関わらなかった。もう1例あげると；

2008年5月8日早朝。観察は5時55分から7時20分までで、給餌は；

6:34　♀

7:14　♀

で、給餌はこれだけ、2羽とも巣で雛を抱く様子はなかった。また、雄は第1柳の枝に止り見守るのみであった。そこから、雌が給餌しているのはよく見えるのである。

この時点で、雄はただ少し離れた木の枝に止って、雌が巣に魚を運び雛の世話をするのを見守る様子がはっきりしてくる。

Ｖの②　つがいが魚を運んできた（2008.5.12）

ここのヤマセミたちを観ていると、例年のことながら普段の雄と雌の生活態度がこの繁殖活動にも反映する。雄はこの餌運びに関しても雌に一目置いているのである。雄と雌の関係の在り方を示す例をもう一つ取り上げてみよう。

さらに数日たった2008年5月12日の朝のこと、つがいの雄トシイエと雌のおマツが餌を第1柳の高い枝に運んできた。

この朝早くこの第1柳の高い枝の前方の地上にカメラを据え草でカモフラージュしていた。そして私自身はずっと川下の300メートル・ポイントに座るのはいつも通りである。

つがいは餌を運ぶ時この枝に一度止るのがこのシーズンの決まった行動であったが、私からは、彼らの後ろ姿しか見えないので、彼らのその時々の表情、振る舞いを記録し、観察を補うことにしたのだ。カメラの操作そのものは、無線操縦である。

なお、この餌運びのルート、止るところはシーズンにより変動するのだ。彼らはその時々の思いで、新たななじみの道をつくるというべきだろう。

この5月12日の朝、5時台の前半には雌、雄ともに一度ずつ巣に餌を運んだ。それから約1時間後の光景が前頁の絵（Ⅴの②）にある場面である。左が雄のトシイエ、右が雌のおマツで、これだけなら何の不思議もないが、次のような事情が背景にあった。

6時57分、トシイエが魚をくわえてこの高い枝にグーンと上がってきた。しかし、彼はそれ以上動かない。妙にキョロキョロしている。私はこのような雄の態度に慣れていたので、雌を気にして待っていることは分かった。何ともじれったいのである。それから4分もしておマツはこの枝に上がってきた。普段よくするようにトシイエは30センチばかりズルズルと枝の根元側に移って席をおマツに譲った。そしてトシイエは少し顔をおマツの方に向け顔色をうかがうという表情なのである。

ともかく私も待った。そのうちおマツはくわえてきたウグイ（佐藤淳さんの同定）をその場で食ってしまった。トシイエはあきれたような風に目を丸めておマツを見ているように私には映った。そのあと1分ばかりしてやっとトシイエは巣に魚を運んだ。おマツは枝にいてその様子を見ているようであった。

ここでは、このように雌は繁殖活動を強力にリードし、雄は雌に逆らわず忠実にまじめに働くという形が普通に見られた。その傾向は、後のナリマサ、おハルのつがいでも同様であった。

「おあずけ」は早くから始まる

この雌が強力にリードする傾向は、或いは大げさに言うと独りで力強く物事を進める傾向は、もう少し雛を育てる活動が進み、次のステージに移ろうとするところでも浮かび上がるのである。雄はその雌の動きに従うことになる。それが「おあずけ」をする行動であった。

2008年5月15日、観察時間は、5時24分から7時4分。同じくトシイエ、おマツのつがいの行動、この年の巣だちは5月28日だから、巣だちまで13日ある時点の朝の行動である。おあずけは雌によるもの2回、魚をくわえて巣に入りすぐ出て、また巣に入るというものであった。2回目で魚を巣の中の雛に渡していたようである。出てきた時雌の嘴に魚の姿はなかった。雄も確かに一度巣に魚を運んだが、それっきり姿が見えなかった。

2008年5月27日、巣だちの前日である。観察時間は、5時28分から7時30分、対象はトシイエ、おマツのつがいである。この朝は釣り人が巣から約25メートルばかりのところに二人いた。雌が魚を持ったままウロウロしていた。この状況の中でのおあずけである。魚をくわえたまま巣に出入りした時間を簡単に取り上げておこう。

①	5:57a.m.	26秒間巣にいた	♀
②	6:02	42	♀

③	6:09	5	♀
④	6:11	10	♂
⑤	6:15	8	♀

というようにおあずけは、雌がとても熱心に行うのである。雛を育てることに関して雄はぐっと控えめに行動し、雌のリードに従うと言ってもいいのではないか。次に、参考のためにナリマサ、おハルのつがいについても見てみよう。

2014年5月29日の早朝、4時18分から7時28分の観察である。この年は巣だちが6月7日だからその9日前のことである。私はこの29日の朝舟小屋に入っていた。その目の前の止まり木はおハルの活動する舞台になったと言ってよいだろう。ハルは、しきりにおあずけをしては巣からこの止まり木に戻った。巣と止まり木を往復したのである。

4時42分から7時18分の間、2時間36分は巣と止まり木の間のおハルの往復劇となった。この間に26回も行き来したのである。巣の方では確かに雄ナリマサのキッキ、キッキと鳴く声がし、それに応えるように止まり木でおハルは盛んに大声でクルクルクル……と鳴いた。しかし、魚をくわえて飛び回るのは雌のおハルである。ただ一度だけ7時24分にナリマサが魚をくわえて止まり木に来たが、その止まり木の下を通ったおハルを追いかけて川下に飛んでしまった。このようにおあずけ活動でも雌が主体的になり、雄はそれに従おうとする傾向が強く現れていたのである。トシイエのつがいでも、このナリマサのつがいでも同様な傾向があると言ってよいだろう。

巣だちを迎えるころ

トシイエのつがいの話に戻ろう。2008年5月28日、観察時間は4時49分から7時23分。巣だちは早朝であった。この年は抱卵から孵化まで22日、孵化から巣だちまで34日かかったことになる。巣だった雛は2羽であった。その日の様子を簡単に書いておこう。

> 2008年の巣だちは、5月28日であった。観察時間は4時49分から7時23分。私は舟小屋に入っていた。5時になると親たちは巣にしきりに向かいだす。巣穴にとり付くだけで中に入らない。盛んにキッキ、キッキ、キリキリキリ……と大声が響く。6時23分、雛の嘴が巣の中で動く。その直後釣り人が近くを通ったせいもあるのだろう。巣だちは7時26分になった。2番目の雛が巣を出たのは8時6分であった。巣の近くの木に止る若鳥の下を親たちは飛び回りキリキリキリ……と大声で叫び大変な騒ぎであった。

巣だった日の夕方、若鳥たち2羽は雌と一緒に行動していた。というより若鳥たちは雌につきまとっていた。雌が飛んだらその後を追うので、この観察地の中の川岸を飛び回る様子がよく見られた。雌が魚を獲って来ても、その魚の尻尾が前に出ているので若鳥に与えるつもりはないことが分かった。実際、若鳥が欲しそうに寄ってきても雌は逃げるのであった。一方、雄は第1柳の上でじっとしている姿が目立った。見張についている様子である。巣だち後何日間かはそんな雄の行動が目に付いた（2008年5月28日）。

若鳥の鳴き声には特徴があり、クッキー、クッキー……といった調子でよく鳴きながら飛び回る。これはどの年の若鳥でも同様であった。

このような光景は、6月、7月と日がたつにつれ見ようとしても気配がだんだんとなくなっていき、8月には目につくことが少なくなる。そして、秋10月末まで親と若鳥たちはずっと川上に引っ込むのであろうと考えている。

最後に、ヤマセミのつがいについて思うことは、確かな雌の強いリーダーシップの存在である。雌はヤマセミ家族の中のボス的存在なのである。巣穴での子育て、巣だってからも若鳥に付き添うし、若鳥たちも雌につきまとう。

3羽巣だった年の早朝の光景は忘れがたい。5羽そろってふわりふわりと飛び回るのである。雌はその中心にいた印象が強い。強い家族の結びつきを思わせた。

ただ雄の方はその家族の群れから少し離れ、巣だった若鳥を見守るように、しばらくは第1柳の高い枝に止る姿が目立った。雄は、繁殖活動の初めから、縄張りの見張行動を受け持ち、実際侵入個体と戦うのは雄であった。巣穴の補修も主に雄の仕事であった。このような役割分担をしながらヤマセミのつがいはずっと生活していたのである。これからもそうであろう。

ヤマセミの一年

広島県の太田川の中流域に棲むヤマセミたちの一年の暦であ

る。私が最もよく観察できたと思えるつがい、トシイエとおマツの2007年から2008年にかけての活動歴を基本にまとめておいた。

10月	例年中旬にはつがいの2羽が姿を現す。2007年には23日に活動開始。巣穴の補修にかかる。稀に9月の中旬に活動の痕跡がある。
11月	巣穴補修は途切れがちに進む。
12月	同様に1週間も出てこないこともある。
1月	変わらず途切れながら出現し活動はつづく。
2月	巣穴補修を熱心に再開。
3月	ディスプレイ・フライトを盛んに行う。2羽で熱心に巣に入る姿が目立つ。
4月	2日　抱卵開始。 24日　孵化。抱卵期間2007年度は22日であった。
5月	28日　巣だち。巣だちまで34日であった。36日かかる年もある。
6月 ↓ 8月	巣だった場所の近くで子育てをしながら少しずつ気配が薄れるようになる。夏の間はずっと川上に移って過ごすものと考えている。この観察地は、彼らが繁殖のためにわざわざ川上遠くからやって来る場所のようである。

第Ⅵ章　ヤマセミの林の生きものたち

私のヤマセミ観察地は柳林の中にある。その林の一角に隠れたり、河原に出た時に座るために腰掛石がつくってあって、それらの間に草むらがある。そこを歩いて通りながら沢山の生きものたちに出会うが、その中でも特に私が親しむ機会のあったもの、それに光景との関わりをここに取り上げてみた。

それらは、一つ一つ別の物語でありながら、ヤマセミを取り囲み守り包んでいる1つの環境をつくり出している。それを感じて頂こうと付け足したのである。

これらの文章は、季刊雑誌、『Grande ひろしま』に私が現在連載しているもので、その中から数編を選び出し使用することを許してもらった。それに更に新たな数編を付け足してみたのである。その連載の内容は、一貫して私の観察地内のごく狭い場所で経験した事柄に絞ってあった。雑誌は大判で、私の撮った写真を見開き2ページにして使い、文章をそこに付けたものである。この際ところどころで加筆をした。なお、本書では写真をはぶいた。

冬

スズメ

正月1日の朝、家の前の道路に出ていると、電線からはす向かいの家の玄関先にスズメたちが1羽、2羽と飛び込んでいくのが見えた。正月飾りの稲穂をついばむためだ。年の初めによく見る風景である。

スズメは我々の家の側にいつもいるように見えるが、かなり多くが、朝早くから5羽、6羽の小さな群れになって河原に飛んでくる。

初めは警戒して河原の上空を飛び回り、やがて草むらに下りてくる。時間がたつほどに大きな群れとなり、その群れが河原をあちこちする。スズメの存在に気づくのはこんな群れになった時だ。しかし、それはあまりに普通で身近な風景、強く意識せずにいると通り過ごしてしまいがちなものの1つであろう。

我々は「大自然」という言葉になじんでしまい、身近な生き物たちの世界が遠い存在になりがちで、こんな世の傾きが我々の日常に大いなるひずみを生み出しているように思う。意識して「自然」と口にして精神の平衡を保とうとしながら屈折している。こんなスズメたちを見ていると、普段顧みないものたちへの反省が甦る。

およそ200年前から、例えば19世紀英国のロマン派詩人たちのように、自分の身の回りにある何でもないものを「よく見る」ことに注目する人々が地球上のあちこちに現れた。江戸時代の芭蕉もその1人と言ってもいいかも知れない。その一句、「よく見れば薺（なずな）花さく垣根かな」に、ごく小さな花を見過ごしていた少しの反省から、季節を越えて様々な思いが広がる心地がにじむ。焦点を絞って見ることが心の視界の幅も広げるのだ。

河原の大小によって群れの大きさは違うが、60羽前後だったり200羽だったり、一日の大半を一緒に過ごし、チュンチュンと鳴き合って大合唱と言ってもよいほど賑やかにしている。もしシーンと静かだとしても、何も居ないと早合点してはいけない。静かな時は、皆で草に潜っているのだ。

この草というのはこの太田川の河原では殆どの場合枯れたカナムグラの群落で、このシリーズの第9回で扱った生命力あふれる草である。厄介なつる草ではあるが、スズメたちの冬の食料としてその実は無視できない。

餌探しが一段落すると、お気に入りのこんな低木に集まるのである。この木でチュンチュンと鳴き合っていたスズメたちは、夕暮れ時、また5羽、6羽と小さな群れになり朝来た道を通って近くの団地に帰っていく。こんな日々が冬中つづく。

（この文章は、2017年冬号に使われたものである。）

キツネ

カラス属はやかましい。森の中でも河原でも、ちょっと変わったものがいると騒ぎ立てる。物語に出てくる森の広報マンは大抵カケスであるが、この写真の場合はハシボソガラスたちだった。

その時、私は太田川の川辺にいた。特に何をしようとするのでもなく、水際に座り込み冬の朝の淡い日差しの中、カワセミが行ったり来たりしている風景に目をやっていた。2013年1月21日のことである。

暫くして、背後でカラスのうるさい声がしだしたが、いつものことだと思い振り向きもしなかった。けれども鳴きやまず、益々うるさくなったので、それでもと振り返るとキツネ色のものが草むらから上がってきた。わけもなく私は興奮した。何も身を隠すものもないところ、しかもこんな近くにのそのそと出てくるものだから、自分の目を初めは疑った。

30メートルくらいしか離れていないのだが、そのキツネは私に気が付かない様子なのだ。カラスたちから逃げたいだけだったのかもしれない。ともかく私はこのキツネの写真を撮っておくことにした。大慌てでバッグを開きカメラを出しキツネに向き直ったが、キツネはまだ其処に立っていた。シャッターの音がして初めて此方を向いたのだからあきれてしまった。そいつは更にじっと私を確かめるように見つめてから、ゆったりとブロックを敷きつめた斜面を登って行ったのだが、斜面の途中から駆け足になったので可笑しかった。人間が後ろにいると不安になるのだろう。

それはともかく、私が土手に置かれた物体のようにしか見えないのかと多少の情けなさと嬉しさが混ざった感情がこみ上げてきたが、初対面の動物に恐怖心を抱かせないとするとやはり楽しいのだ。

だけど、キツネはキツネ、わけの分からないことをする。ある時は私の脇をすり抜けて行ったのだ。寒い朝で、ヤマセミを観察している石の腰掛ではマイナス3℃であった。そこは水際から5メートルしかない。その川岸を歩いて行ったのだ。勿論その川岸は座っているところからは落ち込んでいて後ろから来たキツネは全く私が見えない。しかし、真横までくれば私は丸見えなのだ。望遠鏡から目を離すとキツネの尻が目の前にあった。彼はあくまでもゆっくり歩いて川上に向かい、40メートルばかり行ってからやっと振り向いて私をじっと見つめた。彼は私の存在を気づかないはずはないのだが、そうだとすると相当な演技者に違いない。私は遊ばれているような気になった。

キツネは目が悪いと言われているが、耳はいいようだから、近くでごそごそ動いている人間に気づくはずなのに、自分の仕事に集中していて、人間を意識するのもその時の気分次第なのかもしれない。

その昔、人をだます役割をキツネが担っていたのも想像できるというものだ。

（この文章は、2014年の冬号に使われたものである。）

トラフズク

ある冬の朝、私はわけもなく川下に遠出をしたくなり、自転車に乗って出かけた。3キロばかり走って河原に下り草むらを歩いていると全く見ず知らずの人が変わったフクロウがいると言う。教えてくれただけで、その人はそっけなく立ち去りゴミ集めをしだした。鳥など興味ないと言うのだ。有難いけれども、私はキツネにつままれたような気分であった。この人を私は太田川の「河原守り」と呼ぶことにした。

目の前のクワの木にはトラフズクと呼ばれるフクロウが3羽いた。居心地がよさそうな所である。普通、河川敷は吹きさらしで落ち着かないことが多いが、そこは地形と木立の関係で強い風が当たらなかった。

何日かして、人の出歩かない早朝にも行ってみた。冬の朝の淡い日の光が射し始めており、3羽の内で1番大きいこの個体は、ある詩人の表現を借りると、'sunny solitude'[1)]（解釈すれば、「誰にも渡したくない心地よい日だまり」）の只中にいたようである。細く目を開けたまま全く動かなかった。

別の日の夕暮れ時、試しに彼らから約60メートル離れた草むらに隠れ、望遠鏡を覗いてその動きを見守った。彼らは、木に止ったら1センチも動かないようだ。枝を離れ飛び出したのは日没後11分であった。暗くなって時々近くでバサッと地面を翼が擦る音がしたりする。獲物を追って暗闇を自由に飛びまわっている様子はその音の動きが教えてくれた。

しかし、昼間トラフズクたちは落ち着かなかったようである。河原守りの話では、カメラを持った人々に追い回されることになった。今は情報社会である。トラフズクは生きものでなく「情報」として飛びまわる。人々は団体でトラフズクを取り巻いたりしたという。姿を消したトラフズクたちの居心地の悪さはどんなだったか。人間の身勝手さをどうしたらよいのか。

写真は「合法的」に生きものを自分のものにして家に持ち帰られる便利な手段である。しかし、法に触れなければ人は何をしてもいいとはいかないであろう。こんな時、例えば「個人の自由は人類の災いか」と嘆いたアメリカの政治家たちの苦悶を思い出す。

年中ほぼ休みなく河原のゴミを取り除いている河原守りは、この休息地の責任を1人で背負っているように見えた。トラフズクたちが休むクワの木に引っかかっていたプラスティックの洗面器を敢えて取ろうとしなかったのだ。河原守りの気配りのこもったその薄青色の洗面器を私は忘れられない。2014年2月19日のことである。

1）この言葉はジェームズ・スティーブンスの詩、'The Goat Paths' からの引用である。

（この文章は2016年の冬号に使われたものである。）

カシラダカ

その日は朝から大雪であった。2005年12月18日のことである。大きな雪片が前も見えないくらいの勢いで降ってき、瞬く間に辺りは真っ白になった。降り止む様子は全くなかった。

それでも私はいつも通り河原に出てみた。あまりの雪に川の流れも見えず、河原の地形も定かでないが、木々の形で自分がどこにいるか見当がついた。生きものの気配もなく新雪を踏みしめる長靴の音だけが聞こえた。

広島市内としてはまことに不思議な雰囲気を味わいながら、ゆっくり歩いていると、小さなクワの木の根元の穴からフワッとカシラダカが1羽出てきた。そいつはすぐ川上の方に飛んだが、これがこの日の出会いの前触れであった。

そこから数十メートル進んだ時、後ろからかすかにハラハラと音がした。鳥の羽音とは思えないくらいに雪がその羽音を吸収していたようである。まさかと思った。というのは第一その木まで私から1メートルちょっとしかないのである。恐る恐るそちらに頭を向けると、細い枝にカシラダカが止っていた。私の出方を伺いちらちらと私を観察している。すぐ側まで来たのだから、この鳥としては何としても譲りがたい場所に違いなかった。

私は、その度胸に感服。この出会いを無駄にしない方法はないか悩んだ。ちょっとでも動くと驚かすかもしれないが、この鳥におしかぶさるように立っているのもどうかと少し後ずさりすることにした。しかし足元が安定しない。ヨタヨタして1メートルほど下がったが彼は全く動かなかった。そんな雪の中無理だとは承知の上で、私は試しに写真を撮ってみることにした。勿論、ピントを合わせるには相当後退しないといけない。私は、無様な格好で必死に足場を確認しながら下がった。そこまで行くと此方も覚悟ができ、ガンガンと雪を踏みしめしっかり立って写真が撮れる体勢に持ち込んだ。それでも彼はじっと待っていてくれた。カメラは雪まみれだ。狙ってみるがまだ近すぎた。また後退、雪ふみである。

それでも彼は、片足立ちになり、動かないことを表明していると思われた。写真はともかく撮った。シャッターの音がする度に彼はその場で1センチばかりピョンと飛び上がった。間もなく、「もういいでしょう」と言わんばかりに音もなくフワッと真下に下り、クワの木の根元に開いた小さな穴にスッと入っていった。そんなところに入ってどうするのだろう。私自身も穴の底に入ってきたような錯覚に襲われながら、その場を後にした。

家に帰って思い返した。カメラを構え、彼の表情を見、雪の降り方を見定め、足を踏ん張って体のバランスを取り、肘を固めてブレを防ぐ備えをし、息を止めて待つ。なかなかの重労働なのだ。それはとても長い時間のように感じていたが、カメラが記録したデータでは、たったの1分間だった。その間にやっと13コマだ。

大雪の日のまたとない出会いだったが、本当だったか自分でも怪しくなる体験は記憶の中からいつでも生き生きとよみがえる。

(この文章は2020年の冬号に使う予定である。)

春

アオジ

アオジという名前は誰がつけたのか。青いというが写真で見る通り緑がかった黄色の印象が強い。漢字にすると、青鵐。難しいこの鵐は「しとど」と読み、ホオジロを指していたようだ。大昔の人は緑ではなく青みがかったホオジロと感じたのだろう。元々日本語に色名としての緑はなく、緑は青から分かれたものだったらしい。だから、アオジは平安時代からずっと青いホオジロであり、1度も緑色ではなかったようである。

冬はこの太田川の河原にもやって来て、春おそくまで留まっている。ただ、草むらから次の草むらに音もなく飛び移るばかりでよく見えず、大抵そのチッチッチッというつぶやき（地鳴き）がその存在を教えてくれる。

ただ、この声も目立たない。こんな風に言ってしまうと、彼らは隠れがちな陰気な鳥という印象が強くなってしまうが、これも冬の季節を感じさせる重要な音に違いない。

人は何かにとらわれていると、聞こえても意識できない。「視力とは能力だが見ることは術である」という昔の人の言葉[2)]の「視力」を「聴力」に置き換えても同じことだろう。時には、心を開いて茂みの脇にたたずむのもいい。

姿を見たければ3月末に河原の草むらを歩くことだ。アオジはこの時期とても数が増える。夏の住処に帰る準備で集まるからだろう。足元の草むらからパラパラ飛び出すと近くの茂みに入り、じっと此方の動きを目で追うことが多い。人を恐れずおっとりとした表情を見せ、何だか親しい知り合いのようで、何時も思わず「アオジさん」と呼んでしまう。

繁殖地である信州などの森の中にはあちこちにぽっかりと光に満ちた空間があり、そんな所では大抵彼らが囀っている。それを知っていると、アオジが湿った林に潜むさえない小鳥と片付けてしまうわけにはいかないのである。

太田川の河原では、4月に入ると繁殖地に帰るのを待ちかねてか、囀り始める。「チッ、チョッ、チチチロー、チョッリリリ」と聞きなす人もあるとおり、単純な音がかなり遅いテンポで繰りかえされ、訥々と語りかけるような調子だ。ただ、金属的で弾むような抑揚があり、とても明快で明るい雰囲気に満ちている。それで、まだ肌寒い早朝の河原に立つ私を初夏の陽気で包み込む。試しに適当なところで待ってみると、目の前の枝先にチョンチョンと上がってきて赤い喉の奥まで見せながら囀ることもある。アオジはなかなかの歌い手なのである。

2)『博物学のロマンス』で引用されたジョージ・パーキンス・マーシュの表現である。

（この文章は2022年春号に使う予定である。）

キジ

冬枯れの河原の草むらも3月に入ると生き物たちの動きで活気づく。それぞれの守るべき範囲が鳴き声で感じられるようになるのである。

ごく単純にみても、この太田川の私の観察地では、キジの縄張りが地面に並び、その上の草はらにホオジロのものがいくつかあり、更にその上にモズの制空圏がひろがる。

このキジなど、そんなに大声を出さなくてもいいのにと思ってしまう。その日私は時々使うハイド（身を隠すテント）に夜明け時刻から入っていた。ただ、このキジを待っていたのではない。このキジは毎日ここに出てくるわけではなく、想定外の鉢合わせで、偶々付き合う羽目に陥ったというわけである。静かな観察がぶち壊しになり、このキジを見ている以外何もできなかった。2018年3月末のことである。

私は隠れているつもりだが、彼は気配を察知していた。正面約30メートルの草むらからスルリと現れた時から、あの耳をつんざくようなキェー、キェーの連発となった。それに続いて翼を打ち振るドドドド……が加わる。そして私の視野を左から右へと横切ってとてもゆっくりと川岸の土手の方に向かった。小さな木の根方に行きつくと、首を上に伸ばし木化けしたように動かず此方をにらみ続け、5分たつとまたキェー、キェー、ドドドド……をやってみせる。次にまた少し進んではにらみ、鳴く。これを繰りかえして近づいてきた。彼はハイドの横で餌を探したいことは遠く離れたところからの観察で察しはついていた。彼はハイドの脇まで近づいて静かになり、しきりにガサッ、ガサッと音をたて餌を探していた。ここまででも1時間はかかっている。

私は、ただ彼が早く帰って行ってくれないかと願っていたのだが、立ち去るのにまた1時間ばかりかかってしまった。帰りもゆっくり進み、こちらをにらみながら、キェー、キェー、ドドドド……を繰りかえした。このドドドは、翼を打ち振るのだから、辺りの地面に落ちているゴミ、草切れ、木っ端をまきあげ、もう大変騒々しいのである。さんざんに自己主張をした後、最も目立つ正面に出ると振り返り思い切り首を上に伸ばし鳴いて見せた。勿論ドドド……も付け足した。それで気がすんだのか、彼は最初に現れた草むらに威厳を保ちながら潜り込んでいった。

ハイドのある場所は彼の縄張りであり、私はあくまでも侵入者である。不満でいっぱいであったであろうが、ともかく彼はいつもの巡回を済ませたのである。

（この文章は2020年春号に使う予定である。）

チョウゲンボウ

太田川の川辺は春の陽ざしに満たされていた。風もなかった。その日の朝、私は土手の下の草地にじっと座り、正面の枝にはこのチョウゲンボウが止っていた。そいつは時々飛び立つがすぐ元の枝に戻る。心地よい間合いがお互いの間に成り立っているような気がした。土手の上の道路では車の通行が時々パタッと途絶える。その度に、私はそいつと共に音の消えた世界に滑り込むような気分におちいった。

30メートルばかり前方の柳の枝にいるこのチョウゲンボウは小型のタカである。2012年の1月に入ったころ、川むこうに住む友人から雄のチョウゲンボウが来たと知らせがあった。だけど、こちらの岸にやって来たのは3月中旬だった。もうそろそろ北の繁殖地に帰ろうというころである。

チョウゲンボウは、丈の短い草の広がる地面や畑の上空でひらひら浮かんでいるのをよく見る。風をうまく利用して空中にヘリコプターのように留まっていられるのだ。

私の目の前には緑の草地が広がっている。そんな草むらと樹林の境目にこの柳の木はあった。彼らは地面を見張る高い止まり場を必要とする。昆虫、小動物を狙っているのだ。試しに私は適当なところ、といっても、何も隠れるものもない土手の1番下に座った。座っていても人間は人間だ。猛禽類がやすやすと人に近づきそうにないとは思いながら、私は草むらの1部になるようじっと動かずにいた。

初めの日、3月18日には、そいつは私から数十メートル離れて行動し、この柳の木には近づかなかった。ただ遠巻きに飛び回っているだけだった。私は出来るだけ知らんふりをして同じ場所に座り続けた。

翌日には、問題の目の前の木を時々使うようになったが、むこう側に伸びた枝に止るのだ。しかも向こう向きである。いつでも逃げられるようにしているらしかった。20日には多少近づき、21日には、もう少し近づいて横向きで止まるまでになった。こんなことをしながら10日目を迎え、3月28日になると、まるで警戒心が消えたかのように振る舞いだした。彼は真正面の同じ枝ばかりを使いはじめ、時々は、私の数メートル脇に下りる。その度に地面に爪が当たってカリッと音がする。何か掴んでは枝に戻るのだ。もうどこにも行こうとしなかった。

その内、朝のやわらかい日差しを全身に浴びて羽繕いをしたり伸びをしたりくつろぎだした。私がもぞもぞ動いても気にしないのだ。終に彼は片足を胸元に引っ込めて片足のまま休みだした。ほぼ1時間もそんなチョウゲンボウと私は向き合うことになってしまい、じっと座っていた。この付き合いを駄目にしたくなかったのだ。しかし、次の日には出発したようであった。

(この文章は2014年の春号に使ったものである。)

クサノオウ

3月も終わりそうになって、この花が咲いた。河原はまだ冬枯れのままなのである。木立の陰になりがちで湿ったところにこの花の小さな群落が点々と姿を現したのだ。

太田川の河原にある私の狭い観察地に一昨年から目立ち始め、去年は一段と数が増えた。花など何もないこの時期に、この花びらの黄色は、鮮やかで木々の下で目立つ。道端にも咲くと聞くが、此処の状態から推し量ると、日陰が十分にあるところでないと、生きていくのが難しいのかもしれない。

「王様」もなかなか厳しい生活を強いられていると思った

ら、「草の黄」の意味だという。茎を切ると黄色い汁が出てくるかららしい。何でも、これは毒草で、薬にも使われるそうである。切れ込みのある葉の形は何処か普通ではないし、ケシ科に属していると聞くと、恐れ多い響きのある名前も多少納得がいくというものである。

小さな蕾の楕円形などヒナゲシによく似ている。しかしその妙につるりとした蕾からまばらにひょろひょろ伸び出た細いねじけた毛が奇妙である。それに、その蕾の様子は、小さなヘビが花びらの脇にニョロリ、ニョロリと頭をもたげているようで、何か違和感を抱かせる。「この意匠はなんだ」とちょっと身構えてしまうのである。

私は鳥の観察を中心にしながら、撮影もする。その時でも、鳥の「内面」に感応しながら後は相手次第なのだ。草の内面はちょっと考えにくいので、もう手も足も出ないのである。目の前にある草花が私の情緒に作用しそれに応じて私の手足が「私」の意志を越えて反応するのに任せるしかなくなる。このクサノオウの場合は、木の陰の湿潤な草むらの色合いを背景に浮かびあがる花の色、葉の形、蕾の様子が醸し出す多少の怪しげな風情に身をゆだねることになった。花びらは薄く頼りなく少しの風にもひらひらと揺れる。奇妙な違和感とこのなよなよとした様子が混ぜ合わさったその景色が私を戸惑わせた。

しかし現代は、花を見るだけで没頭して済ませておくわけにはいかない時代となった。この野草が、ここの河原に進出し、根付き、年ごとに株を増やすまでに、うんと年数がかかっているに違いない。多分、この河原は私の観察を含めて20年以上も半自然の状態であったようだ。ごく普通の野草が根付く様々な条件、年数を心にとどめておこうと思ったのである。

（この文章は2023年以降に使う予定である。）

柳林

この日は朝から雨だった。それでも何とかなるだろうと河原に出、滑りやすい石を踏みながらいつもの場所に進んだ。この太田川の河原のあちこちに石を積んだ腰掛がつくってあり、そこに座って鳥たちを観るのである。

夜明け前に出ていき段々と空が白みかけると、この日は思わず「春は河原の柳林」とつぶやいてしまった。雨が止んで雲間からサーッと一条の日の光がこの林に差したのである。こんな瞬間を見逃すわけにはいかない。それほど柳の林は美しいと思った。人の気配も何もなく、瀬音がザーと響くだけであった。

この柳の林は、主に1種類の柳で出来ているようである。というのは芽吹きの時期が少し違うのだ。冬場すっかり葉が落ちていた梢は、春が近づくとわずかながら赤みがさしだす。そして葉っぱが出る間際にはその梢は大きく膨らんで遠くから見ると木全体が盛り上がる。そしてある日一気に明るい緑色が見えてくる。

この林には他に沢山のクワの木があり、背の高いエノキもある。私の馴染みのエノキは、柳林の中で風を防ぎ、日だまりをつくり、生きもの達に安定した環境をつくり出しているのだ。春ゴマダラチョウが発生すると、その直後数日間は群れをつくってそのエノキの脇を飛び回る。このエノキ自身にも小型の蝶たちが集まる。例えば、ムラサキシジミとムラサキツバメで、越冬する前には、エノキの葉に止り日だまりの居心地の良さを堪能しているかのごとき様子を毎年見せる。

柳林に囲まれたエノキは灯台のように記憶に残るのであろう、先年、オオムシクイという小型のウグイス色をした渡り鳥が春秋と訪れたりするほどにいい環境をつくり出している。

この柳林の下の地面にはノイバラの群落も点々とあり、春おそく小さい白い花を沢山つける。偶々私の腰掛石はその群落の一つに囲まれていた。厄介な木に違いないが、その花の香りは群落となると圧倒的で、時にフワッと吹く風にのる芳香は私を包み込んでしまう。そんな日だまりを用意してくれている柳林の中の空間を私は人知れず楽しんでいるのだ。

しかし、この柳林は今や映画用のセットのようだ。何とかこの前側だけを残してもらった妥協の産物。後ろ側半分はそっくり切り取られた。

河川の管理を横目で見ながら私は思う。川とその河原と、雨、太陽の光、それに照らし出された柳林の光景はなつかしいとさえ感ずる情緒を育んできたに違いない。日本人の心のひだに昔から沁み込んでいると私が信じるこんな何でもない河原の景色が我々を支えていることを現代の我々は忘れがちなのである。

（この文章は2020年の夏号に使う予定である。）

キシツツジ

木々に覆われたこの水辺には鳥たちの緊急避難場所のような

気配がある。太田川の広がった川筋には彼らが隠れられるところは乏しい。それで近づかないようにしていた。自然の事物を称賛するつもりで食いつぶすことを恐れているのである。ただ、ある春の夕方、こんな光景が姿を現していることに気づいた。

驚きであった。木々の陰になった水辺に出現した「春のけしき」[3)] である。私の観察地点の近くにあるこの場所は薄暗い。夕方近くになってやっと日が射し込むと、鬱陶しかった水辺は急に色彩豊かになる。

今回この光景を確かめに出るまで、雨の日、曇りの日と数えながら待っていた。4月初めになってやっと画面の1番遠いところの岩にあるユキヤナギが咲きだした。人家の庭ならもう花はとっくに終わっているのに、日陰だから、花の時期もぐんと遅くなる。手前のユキヤナギはもっと遅くなったが、白く点々と輝きキシツツジと一緒になって木陰を彩っていた。

これらの花木は、岩の割れ目に根を張りめぐらしているに違いない。私が観察を始めてからでも10数年この花々の様子に変わりはなかった。数年前の大増水で何日も水没していても流されることはなかった。これらの花が自然のものだと私は信じているが、他の川辺でもこの2種は自然のものか、園芸種が流れ着いたのか話題になるらしい。しかし、ある専門家に聞くと、ここの岩の上のものは自然に生えたと見てよいだろうとのことである。私はちょっと安心した。

この日は水かさがまして、たまったゴミもすっかり流され、覆いかぶさる木々と水面の間の空間も狭くなり光の反射が絶妙な照明になっていた。この水面の滑らかさはどうだ。透明感あふれる一時の光の演出に目を見張るのである。ほぼ真横から射し込んだ光にユキヤナギの花も、キシツツジの花も存分に輝いていた。

こんな「けしき」を目の前にした時、人は理屈を越えて賛美するほかない。そんな心持のまま誰にも語らなかったが、この際ここにお見せすることにした。

3)「春のけしき」は、平安時代の歌人、能因法師の歌、「心あらん人に見せばや津の国の　難波の浦の春のけしきを」からの借用である。

（この文章は2019年の春号に使ったものである。）

夏

カジカガエル

初めは空耳だと思った。山間部ならとても広い川の中でも点々と石の上に上がり鳴くのを見たことがある。しかし、広いとはいえこの太田川中流の川筋にいるなど思いもよらなかった。2005年7月のことだ。夕方近く、瀬音に混じってその声は響いていた。

そんなこともあるのか、まさかこんなところにと思うだけで調べてみることなく次の年になった。その時期、私は河原の300メートル・ポイントに腰掛けて早朝のヤマセミ観察を始めていた。すると、目の前のどこかで鳴きだしたのである。姿が見えないが確かにいるのである。

数は多くない。私の観察地のあちこちに散らばって朝早くなどによく鳴くのだ。それで、鳴く様子を探るのだが、上流の山間のように鳴く姿を開けたところにさらすなどあり得ないようであった。昼間に鳴いていることはよくあるが、全て水際に生えている草の中だから、見つけることなどできない。

1度だけ水際のごく浅い綺麗な水の中で小石に紛れるように泳ぐオタマジャクシを1匹見つけた。それはカジカガエルのオタマジャクシだと思ったが私にそれを持って帰り育てるなど思いもよらず、そのままにした。細々ながらここで命をつないでいるらしいと思うにとどめた。

彼らがおおっぴらに開けたところに出て、本来のように石の上に乗って鳴くなどここでは無理なようである。サギ類など天敵が多すぎるのだ。それで夜になって300メートル・ポイントに出かけたら、確かに出てきて大きな石に上がり鳴くのだった。ネコヤナギの群落に昼間はひそんでいて、夜になると出て来るらしい。その日、2006年6月12日の夕方7時39分、もう日が暮れるころにやっと流れの側に出てきた。大きな石に上がったのは8時30分だ。まるで用心深いのである。

ある日の日中、彼はアオサギにつかまってしまった。現場に私が着こうとした時、アオサギが振り返った。その嘴にはカエルの姿があったのだ。もうちょっと早く来ていればと悔やまれた。

そいつはいなくなったが、この観察地には仲間が点々といて、朝早くいい声を響かせている。いつものことながら、腰掛石に座りヤマセミの動向を観ながら、カジカガエルたちが水際で鳴く声に聞き耳をたて、山間の渓流にいるような気分をちょっと味わい楽しむのである。

（この文章は2021年の夏号に使う予定である。）

セッカ

六月に入って、このセッカという鳥はますます威勢が良くなった。ある年のこと、4月中旬から太田川の河川敷でさえずりが目立ち始め、早朝も、日が登っても、夕方遅くなっても鳴くのを止めない。セッカは体の長さは約12.5センチ、メジロくらいだ。そんなちび助が、鳴きながら飛び続ける。時にうるさいくらいに付きまとい、かなり好戦的である。といっても、年により数に増減があり、少ない年は鳴き方も控えめである。数が多く勢いがある年は、河原の土手沿いで3月末から賑やかに飛び回り、さえずり続ける。

ある朝いつもの観察地から少し下流部の土手沿いに歩いてみた。1羽のセッカが迎えに出てきて、私を鳴きながら追ってきた。ヒッヒッ、ジャッジャッと鳴いて頭上2メートルほどのところを後ろから迫る。そして、ある所まで行くと元の地点まで帰っていくのだ。いつも同じで、誰にもそうしていた。私は歩きながら、時に立ち止ったり振り向いたりして、迫ってくる鳥の反応を試したりもした。

その年、河川敷はチガヤだけが幅約40メートル、長さ約150メートルにわたって広がっていた。その中ほどまで行くと、チガヤよりちょっと高い草に止り私をにらむ。朝早くこの写真を撮った時に止ったのはこのスカンポだった。チガヤの白い穂が風に飛ばされてきて絡みついている。こうしてみると体に似合わず彼は足が長い。その足を突っ張って立ち、「どうだ！」と言わんばかりに見得を切っている。「河原のやんちゃ坊主」だ。

チガヤは大昔から日本人になじみの草だと聞く。農家が年に3、4回草刈りをすることでチガヤの原は維持されていたらしい[4)]。それはチガヤを好むセッカにとって好都合であったであろう。現在では草の刈り手がなく、広いチガヤの原は滅多に見られなくなった。

彼らは河川敷に利用できるチガヤの原がないと、かなりの頻度で土手の道路端と法面のコンクリート護岸の間にある幅6メートルほどの草地のチガヤの群落で繁殖活動をする。すぐ上の土手道を車がしきりに走るので、今度はその自動車を鳴きながら追っかける。雨に日には車が巣にバシャッと水しぶきをかけたりするけれど、そんな巣からも雛たちは巣だっていった。

チガヤの原にセッカ。日本古来の風景であろう。太田川の河原に響くその声は、昔の人も聞いたに違いない。

4)『日本らしい自然と多様性』の157ページを参考にした。

（この文章は2016年夏号に使ったものである。）

ヒゲコガネ

ヒゲコガネと呼ばれているこの昆虫はこの河原に沢山いる。レンズで拡大し、一瞬の動きを止めてみた。飛びたとうとしたところだ。

硬い覆いが開き、中からほぼ透明な薄幕が出てきた。これで飛ぶのである。太田川の私の観察場所からちょっと川下に行った河原、時々水につかるような草むらに彼らは棲んでいる。夕方ならいろんな人が彼らの棲む草むらのすぐ側を通るが、たとえこの虫が目の前の草に止まっていたとしても、あまり人目を引くとは思えない。一見してあまりにも地味だし、夕方のむさくるしい草むらなど大抵の人は避けて通りたいのだ。

ただ、どんな小さな虫でも、拡大すると斬新なものになる。こんな感覚を味わう楽しみは中学に入ったころからなじんでいて、実際に生きものを接写に強いカメラのレンズで覗き、接写することに夢中になっていた。ただ、その当時、鍛冶屋があるほどの田舎の村にいた私に仲間があったわけではない。ただ1人でなじみの山に行き撮った写真を拡大して楽しんでいた。

大きくなって世界を見渡してみると、その趣味は、遥か昔、イギリスの19世紀、ヴィクトリア朝にはあって、イギリス全土を席巻していたそうである。そのイギリスでは、顕微鏡が大流行で、レンズを通して生きものの細部を見て楽しんだらしい。レンズを使って拡大して覗く喜びは今も我々をとらえて離さない。

拡大した微細な部分がもたらす驚異の念が大事なのである。時代を超えて19世紀にあったという驚きを味わって喜んでいる自分を振り返り可笑しくなる。

ところで、この虫の髭はとても大きくて、更に大きく広がった時の整然とした美しさは目をみはるばかりだが、やはり何と言っても面白いのはその飛ぶ姿だ。彼らはカブトムシに次いで日本では2番目に大きな甲虫という。そんなに大きい虫がすばやく飛び回ることはない。しかし、活動するのは暗闇の中だから、その動きを追うのはとても難しい。何とか背景の少し明るさのある所を選んで待つと彼らがぶんぶん飛ぶのが見え始める。

8月20日ごろのある夜、重たそうな尻を下にして体をぶら下げたまま、目の前に4匹も5匹も飛ぶというよりは揺れ動く姿があった。背の高い草のすぐ上をただあちこちするのである。空中から糸でぶら下げられているのかと思ってしまう。夜の暗がりの中で命がそんな風にゆらゆらと宙に浮遊している幻の絵図のように見えてきたのだった。

(この文章は2021年の夏号に使う予定である。)

オナガサナエ

夏の陽ざしを背中にジリジリと感じだすころ、早朝の河原が急に静かになることに気づいた。あの賑やかな鳥、オオヨシキリのギョギョシ、ギョギョシという声がパタリと止ったのだ。もう7月20日である。

私が観察の定点にしている石の腰掛のすぐ近くに小さなヨシの茂みがある。そこから突き出た枝にオナガサナエが陣取り、その根方の水面にアメンボが浮いていた。何気なくその光景に目をやるのとオオヨシキリの声が突然止むのが重なったのである。音が消えると私の意識はふらふらと揺らぎ、トンボの枝に集中していった。朝6時だった。

彼は、あちこちの岸辺の石に止って休むようだが、このヨシの茂みに突き刺さっている枝は特別のお気に入りであった。

彼の活動する水面は、幅約40メートル、長さ約100メートルのごく浅いところだ。ここは広島市内の太田川の河原。数年の間に何度かあった増水の勢いはすごいもので、きれいなU字形をしたワンドが出来たのである。今ではとても穏やかな広い水面が広がっている。

この個体はこの枝を足場にしてそのワンドをパトロールするのだ。水面上約1メートルの高さを保ったまま驚くべき加速力を見せキビキビと飛び回る。空中でぴたりと止ったかと思うと急加速で前進、すぐに右に左にと身をひるがえす。このワンド内に数匹いる仲間はそれぞれ拠点となるところを持ちそこから出かけるらしいので、その縄張りどうしが重なり合っているに違いないが、そんな空間を止っては前進を繰りかえしてワンドを巡ってきて必ずこの枝に戻る。

ある朝、彼が枝を離れたので試しにその枝まで水の中をジャブジャブ近づくと、サーッと飛んで戻ってきた。そして目の前約3メートルの空中にぴたりと止り、1歩も引かない構えを見せた。それほど縄張り意識が強いようである。

いつも川風に逆らって飛んでいるこいつは頼もしい。彼の体長は約6センチ。細い体をしていて、体長約7センチのギンヤンマの太い体と比べると何ともきゃしゃであるが、縄張りを守ろうとする彼の行動に妙な親近感を抱いていた。

ところが、2015年の8月3日の朝であった。彼は前を通りかかった個体に飛びついたかと思ったら、翅がこすれ合うジジジ……という音をたてててトンボたち特有の形につながり、そのままものすごい勢いでぐんぐんと垂直にのぼっていくではないか。そして青空の黒い点のようになりとうとう見えなくなった。それっきりこの枝の主は帰ってこなかったのである。

（この文章は2020年の夏号に使う予定である。）

秋

センニンソウ

猛暑の日が続くと、河原はカラカラに乾いてくる。8月も後半に入り、石ころばかりの河原を占有するヨモギでさえ白い葉の裏を見せてしなだれてしまった。しかし、そんな太田川の河原にまだ花を増やしている草があった。8月の初めにこのセンニンソウはちらほら咲き出したのだが、2週間後には群がる花が私を取り囲んでいた。雑然とした草むらは生き返った。この勢いだと、恐らく9月になってもこの花は咲き続けるのだろう。

この川辺にはヤマセミが棲んでいて、そのつがいを私はずっと見ている。そのために、何か所も観察ポイントを作っていた。いつでも使えるように、河原に石を積んで腰掛を作ってあり、その腰掛石の1つの脇にこのセンニンソウが生えてきたのだ。

そこは、私が座れるだけの広さに草が刈ってあり、私は草にすっぽり覆われているのだが、その川に面した側面いっぱいにこのセンニンソウの花が広がっている。ツル草だから他の草に絡みついて上に伸び左右に広がって、丁度私の胸元にずらりと花をつけていた。これだけ群がって咲くと見事というしかない。ノイバラより少し濃厚な甘い香りに包まれたままじっと観察を続けていると香りを忘れてしまう。ただ、時々かすかな空気の動きがあるとその香りの存在を思い出す。かなり贅沢な観察場所に違いない。

真夏の河原に朝日が当たりだすころ、川面には大抵少し風があって気分がよい。そこにある腰掛石に座っていると、センニンソウは勿論、日の光が照らしだす川底の様子、河原の石ころの並び具合などが特別なものに見えてくる。朝の光が自分の中の余計なものを洗い流してくれるからだろう。もうこれで充分ではないかと思ってしまう。

腰掛石に座って観察していて思い知らされるのは、生きものはこちらの想定内で動きはしないことである。手にした物差しを当てはめても旨くいかない。ヒトの見る自然と生きものの自然とのずれが存在することをヒトは忘れがちだ。ヒトは見たいように、つまり自己中心に見てしまう。だからその自然像は本来の自然から遠ざかる可能性がある。

このセンニンソウの場合のように、突然に向こうから扉を開いたところでやっとセンニンソウの世界になじんだ気がしたという有様だ。

この太田川の川辺をただ通り過ぎるならば、河原の草はらは雑草の茂るだけの所としか映らないだろう。時には、岸辺に腰を下ろし、足をゆったりと延ばしてみるのもいい、川の音に耳をかすのも捨てがたい経験になる。ほしいままに振る舞う自らの硬い衣がとれ、生きもののありのままの姿を見る瞬間が訪れることもあるからだ。

（この文章は2014年秋号に使ったものである。）

リスアカネ

柳の樹林の端っこに2本の高いエノキがある。その木の下に小さな草地が広がっていて、その真ん中を通って鳥の観察地点に出る私は、自然に草地全体を見渡すことになる。

草地はおよそ40メートル×30メートルほどの広さだから、広すぎもせず狭すぎもせず1度に見渡せる丁度良い空間である。自然に沢山の生きものに出会う。その1つがこの写真のトンボだ。ここでは、10月に入るころ急に目につき始める小型のものである。リスアカネという名前を教えてくれたベテランは、子供のころ、山奥の沼地で採集し、とても嬉しかったという。

山奥の沼地とこの大きな太田川の河原にある水たまりとでは隔たりがあるが、ここの水たまりは長さ20メートル×幅5メートルばかりの沼地と言ってもよい。数年も前の大増水でこの河原そのものが大木を除いて何もない砂原になり、水たまりはむき出しになってしまった。しかし、今ではこの水たまりも高さ4メートルくらいの木に囲まれ、このリスアカネ好みの閉鎖的な沼地の気配をとりもどしたようだ。

いつの間にか彼らはそこに戻っていた。ただ、夕焼け空にヒラヒラ飛ぶアカトンボとは違い、このリスアカネは、空高く飛ぶところを見たことがない。草むらにいて目立たないのだ。

大抵は、6、7メートルの間隔をとり、草の茎の先とか、木の枯れ枝の先に止って静かに見張りをしている。

問題のエノキは、リスアカネたちの繁殖の場である水たまりの北約30メートルの所に立っていて、仮にこの環境を1つの田舎家に見立ててみると、その水たまりは庭の池、エノキの下の草地は家の縁側に見えてくる。リスアカネの雄はさしずめその家の主（あるじ）だ。ただ静かに縁側に寝そべって休んでいるようにも見えてくる。

彼らは余分なものは持たず、無駄な争いはせず、日向の同じところに止り何もしない。雌を待っているのであろうが、一度試してみたら５時間たってもどこにも行かなかった。

２本のエノキの下の草地は、秋になるとこのトンボの住処になる。エノキの根ぎわの狭い空間には「魔法の窓」[5]があるに違いないと思わず空想してしまう。10月10日ごろそこを通りかかると、知らぬ間に私はその窓からリスアカネの世界に入りこんでしまうのである。

5）この表現は、イギリスの詩人ジョン・キーツがナイチンゲールを扱った詩の中で使った、“Charm'd magic casements”を借用したものである。

（この文章は2021年秋号に使う予定である。）

ショウドウツバメ

10月の中旬、西中国山地で数羽のショウドウツバメを見た。彼らは南方の国々に渡る途中なのだ。そうなると、気になるのは太田川の私の観察地を通る群である。毎年そこを通過する彼らをどうしても見ておきたいのだ。

翌日、太田川の私の観察場所に出ると彼らはちゃんと到着していた。

小さくて体長は12.5センチというからメジロよりわずかに大きいくらいである。普通のツバメの体長17センチ、コシアカツバメの18.5センチと比べるとこいつは小さい。

水面近くをパラパラと羽ばたき川上に向かってきて、私が座っている辺りまで来ると空にフワッと浮かびあがる。次にグイッと下降してまた川下に戻っていく。15分くらいこれを繰りかえすと今度は近くの丘の方に群は移動し、また川に戻ることを繰りかえすのだ。

彼らは休みなく飛び回る。1日中飛んでいるとしか思えない。しかも羽ばたきはせわしいので、効率の良い餌の捕り方かといぶかることもあるが、大きく開いた口に虫が入る瞬間が写真にうつる時があるから、こちらは勝手に安心する。

年によっては400羽くらいの群になる。ただ、その年に来たのは約100羽であった。予想通りその河原の上下約2キロの範囲を飛び回る。ただ、主に飛ぶのはその内の約400メートルの川筋である。毎年のことながらそれだけ重要な餌場らしい。私がその川筋を密かにホット・スポットと呼ぶ理由である。

ただ、滞在は短いことが多く、この2014年は2日で姿を消した。油断していると、渡りは見られない年も出てくるのである。彼らはいつも一緒に行動したいらしく、主な繁殖地の北海道などでは、川沿いの高い垂直の土手に群で巣穴を掘ると聞く。だから土手は穴だらけになる。これがこのツバメの名前、ショウドウ（小洞）の由来のようだ。ただ私の好みは、英名のBank Swallow[6)]の方なのである。バンク（土手）という言葉が土手で群れ飛ぶ姿を思わせるからである。

写真の個体はちょっと変な奴で困った。そのサイズからしてショウドウツバメに違いないが、尾の大きさ、尾の端の羽根の長さ、胸の薄い縦斑、後頭部にある小さく赤い部分など異常である。この群には尾の両端がもっと長いのもいて、見るほどにコシアカツバメを連想してしまう。実はこの群に1羽のコシアカツバメが混じっていて、交雑の可能性を思わせた。

それはともかく、毎年この川の同じ場所に立ち寄ってくれるこの小さなツバメたちの営みを思い、私は砂地に座り込みじっと眺めていた。

6）この英名は A Field Guide to the Birds of Japan（日本野鳥の会発行）を参考にした。

（この文章は2019年秋号に使ったものである。）

ムラサキツバメ

この枯葉のかたまりのようなものはムラサキツバメと呼ばれる蝶たちである。秋遅く毎年11月20日ごろにはこの同じ木に群れる。太田川の河原の私の観察地で偶然見つけたこの群は本格的な越冬の前にまずこのクワの木に集合した。

クワの木は沢山ある。大きく茂ったもの、私の背丈ほどのもののある中で、この木は3メートルほどの高さがあった。彼らは目の高さの葉っぱからずっと上まで、点々と3グループいることもある。そこは川風が吹き抜けることもなく、林の中に適当な空間があり、その木の下には日だまりになる草地が広がっていた。

写真は、丁度彼らが朝の眠りから覚める直前の様子である。葉に日が当たり始め、しばらくするとユラユラ動き出すものがでてくる。その動きが緩やかに仲間に伝わり、1匹2匹と下の草地にハラハラと下りてくるとそこで鮮やかな紫色の翅を開いて日光浴を始める。そして、ゆっくりと日光浴をすると元の葉っぱに戻る。戻らないで、隣りの常緑樹の高いところまで飛んで上がるものもいるが、遠くまでは行かないようであった。

いつまでも元の葉っぱにいるものもいて、戻ってきた連中はその残っていた連中の近くに止ると、どこか空いている隙間にモゾモゾと入り込んでまた静かになる。邪魔をしなければ、こんな光景が目の前で展開した。その日光浴の図はこのシリーズ第11号にあるとおりだ。

この年は12月に入ってもあたたかい日が続いたが、中旬になって、夜来の雨に追い打ちをかけるように朝方猛烈な嵐が吹き荒れた。2日後にその木を見に行くと、そこにはこのグループしか見当たらなかった。あのすごい嵐でよく吹き飛ばされなかったものだと感心した。他の2つのグループも同じ木にいたのだが、葉っぱそのものがなくなっているのだからいないのも当然だけれど、試しに隣りのクワの木を覗くとそこに40匹ばかりの蝶がくっつき合っていた。この写真のものと隣り合わせて合計80匹はいたことになる。

雪でも降れば、この木の葉っぱは一斉に落ちる。しかし、隣りに常緑の高木があるので彼らはそこに移る。その葉っぱはクワの木と比べてうんと小さく、6匹くらいがくっつき合って隣り合うのが冬の光景であった。茂った常緑樹の暗い色の葉に囲まれて彼らの姿はいよいよ目立たなくなる。

常緑樹があり、クワの木があり、柳林がこの蝶たちをつつみ、ここの河原という環境を作り上げているのである。

（この文章は2019年冬号に使う予定である。）

この章では、『Grande　ひろしま』に連載中、それにこれから予定している文章の中から18編を使わせてもらった。これを見ただけでも、生きもの達が如何にこのヤマセミの林で精いっぱい生活しているかが感じられるであろう。木を切った後の草むらもカナムグラが勢力を伸ばしたり、別の草が入れ代ったりしながら小鳥たちと関わることになる。

この林は偶々切られずにずっと残っていたのであるが、10年くらい前に一部が切られ半分が草むらになっていた。むさくるしそうであるが、そこに生えた雑草の実を生きものたちは頼りにしているようだ。

2019年の1月には思いもかけないことにカシラダカ200羽以上の群が突然やって来た。地面に下りているのを知らずに歩いていると、ザーッとすごい音をたてて飛びたつのに囲まれる。とても感動する光景である。カシラダカにつられたのかシメ10数羽の群も来た。多くの人から聞くが、カシラダカなど西日本では激減し、殆ど姿を見ることはなくなっていた。ちゃんと渡ってきているとは嬉しいことであった。そして、この林全体が冬の餌の乏しい時に鳥たちの役に立っていることを実感したのである。

ヤマセミだけではない、カシラダカもスズメでさえこの河原の林と草むらのれっきとした一員なのである。

引用文献

グリフィン、R・ドナルド、『動物は何を考えているか』、渡辺政隆・久木亮一訳、どうぶつ社、1990年
コルバン、アラン、『レジャーの誕生』、渡辺響子訳、藤原書店、2000年
内藤順一、『比婆科学』255、広島県動物誌資料（39）、2015年
中林光生、『あるナチュラリストのロマンス』、メディクス、2007年
中林光生、『森の新聞』208「コメボソムシクイと遊ぶ」日本野鳥の会広島県支部、2017年
中林光生、『Grande ひろしま』、「不思議の国の観察者」第1号-第25号に連載中、グリーン・ブリーズ、2013-2019年
根本正之、『日本らしい自然と多様性』、岩波ジュニア新書、2010年
ハックスリー、ジュリアン、『ジュリアン・ハックスリー自伝I』、太田芳三郎訳、みすず書房、1973年
目崎徳衛、『芭蕉のうちなる西行』、角川選書、1991年
メリル、L・リン、『博物学のロマンス』、大橋洋一ほか訳、国文社、2004年
山階芳麿、『日本の鳥類と其の生態』、出版科学総合研究所、1980年
ユクスキュル／クリサート、『生物から見た世界』、日高敏隆・羽田節子訳、岩波文庫、2005年
ローレンツ、コンラート、『行動は進化するか』、日高敏隆・羽田節子訳、講談社現代新書、1976年
Brooks, Cleanth, *Understanding Poetry*, Holt, Rinehart and Winston, 1960
Darwin, Charles, *The Voyage of the Beagle*, The Modern Library, 2001
Frost, Robert, *Robert Frost's Poems*, Washington Square Press, 1946
Gosse, Philip Henry, *The Romance of Natural History*, Gould and Lincoln, 1861
Smiles, Samuel, *The Life of a Scotch Naturalist* —Thomas Edward— John Murry, 1905
White, Gilbert, *White's Natural History of Selborne*（1860 illustrated edition）Unwin Brothers Limited, 1979
Wild Bird Society of Japan, *A Field Guide To The Bird Of Japan*, Wild Bird Society of Japan, 1990

あとがき

面白い、楽しいと言いながら歩いてきた。観察したい思いに後押しされながら狭い範囲の川辺に心をそそいできた。

観察とおぼしきものを意識した時から、好きな時に行ける身近な自然の中で行動するのが性に合っているし、無理がないと分かっていたからである。自分の住んでいるところだから特別に改まって臨むこともない。何か成果をあげようと意図的に物事を進めるという一種の後ろめたさがない。時間はあまりかからない。だから通常の自分の生活感覚の中で観察することになる。

日の出の時間にしても、気温のこと、季節の移ろいにしても、それらは生きものたちの恐らく感じるものに近いに違いないのだ。私自身の生活でもあるし、観ている生きものの生活でもあると言えばいいのだろう。

自分と同じ環境の中にいる生きもの同士と勝手に思いながらヤマセミという一種類の鳥に注目することになった。ただ、ヤマセミが棲むこの川筋の地形の特性、河原の状態、その植生などその場所に限ってみても気の遠くなるような生きものの世界の混ざり合いがある。

試しにヤマセミたちの鳴き声を取り上げてみよう。静かに間をおいて鳴く。その声につがいの相手がこたえる。連続して鳴く。その声が高く、大きくなる。大音響で叫ぶ。喜びの声というべき叫びがあり、怒りの声がある。更につぶやきがある。

人間のような言葉はないとはいえ、長年彼らを見ているとそれまでは見えなかった景色がその向こうに見えるような気がしてきたのである。「心」とでも敢えて言ってみるのであるが、彼らの心の景色が確かなものとして浮かびあがってきたのである。彼らのここでの行動の仕方には「心」の営みが滲み出ていた。その行動、素振りは私に彼らの「ことば」となって伝わったと信じている。

彼らのことばで語っていたのであろう。叫んでいたのだろう。姿勢、行動で表していたのであろう。それは我々の言葉に劣らないほどに彼らの心の世界を伝える可能性を持っていると考えざるを得なくなっていった。

そのことばの一瞬のきらめきに接し続け、導かれてきたというのが正直なところである。私はそのきらめきが消え去らない内にと観察したことを家に帰ってすぐに記録した。細かく記録し続けること自体私には楽しみであった。その記録が私に語りかける事柄に耳を傾け出来るだけ偏見を持たずに、その声に従ったものがこの本という形になったが、言葉にして表現してみると、その手のうちから真実はこぼれ落ちていくような気持ちにかられもする。

ただ、その言葉のつながりを越えて、この本を手にとって下さった方々に何ほどか伝わるところがあれば幸いである。

この長い観察の間、沢山の人々に助けられた。このような観察ということに没頭する生き方を何とか受け入れてくれ、長年支え続けてくれた妻の美紀子にはただもう感謝あるのみである。ずっと振り返ると、川辺で観察するなど運命としか言いようがない。全てのことがどこかで仕組まれ定められていたかのようである。

この観察地内でアユ漁などをしておられた大下俊輝さんはヤマセミと同時に私の目の前に現れた。木戸敏明さんも同じことで、舟の作業中に見たヤマセミの様子を何時も教えてもらった。大下さんには舟にのせてもらったり、その舟小屋を使わせてもらったりした。また木戸さんには舟の中に落ちているペレット、それに巣穴からヤマセミが運んだ小石を大事にとっておいてもらった。ヤマセミの情報では福江貞夫さんにもお世話になった。それから長年の知り合い、東常哲也さんにはこの観察地の整備、その他パソコンなどの扱い方について絶えずサポートしてもらった。有難かったのである。諸本泉さんには、いつも無理を言って沢山の挿絵を描いてもらった。

この太田川の水の中の生きもの、魚の種類の豊富さについては、内藤順一さんからご自分の資料をたくさんいただいた。また個々の魚の種類については、知り合いの佐藤淳さんに詳しく教えていただいた。お蔭で、この限られた観察地の川筋に棲む生きものの世界を広く生き生きと意識できるようになったのである。

また最後になったが、河川管理との関係で国土交通省の方々、中国整備局の方々には温かいまなざしで接して頂き感謝する次第である。

ここまで書いてきたところで様々な想いが私の心に満ち溢れた。私の命はヤマセミの命と響き合った。多少の経験はあったものの、私はただ観ていただけである。そこに、申し合わせたようにさまざまな人の命が寄り添い、作用しあい始めた。観察は少しずつ進み、ヤマセミたちの命の営みの絵図はますますその彩りを増してきた。しかし時は過ぎゆき、この河原でかかわりのあった人たちはもういない。大下さんは亡くなられ、木戸さんも引っ越された。私も一区切りする時が来たのではないかと思い記録を読み返した。そして、ヤマセミたちと共にその方々と過ごした記憶が消えてしまわない内にこのような観察記を書いておくことが出来た。皆さんに深く感謝したいのである。

2019年8月14日

中林光生

Contents

This essay is a record of my observation on the Greater Pied Kingfishers.
Here, I would like to use the Japanese name, 'Yamasemi' for this bird, because the English name is so long.

Summary

Pairs of Yamasemi in a small willow grove

An encounter with a pair of Yamasemi, The Greater Pied Kingfisher, *Ceryle lugubris*, was the beginning of my recorded observation in a small grove on the river Ohta in Hiroshima, Japan.

They were furious and yelled just above my hide. They found my hide and seemed to protest against the newly appeared hide just 2meters under a small branch they were using as their platform.

On that morning, however, I was trying to watch a Grebe, and didn't have any knowledge about Yamasemi. To escape from that accident, I had to take down my hide and run away out of the grove.

But that was the start of this observation. I was deeply attracted by them, and from that day my walk to the grove began.

It may be helpful to tell you my experiences on that morning in details before I talk about my days of observations for about 13years since that February morning in 2005.

There was a small tree about 4meters high and just 2meters under one of the branches I put up my hide on that morning. The branch seemed to be a well-used one, and that was the reason they protested against an intruder like me or my hide.

Actually they arrived there 30 minutes after I got into my hide. They arrived and found my hide, and then began to fly about my hide yelling or screaming, "Kyala, Kyala, Kyala ･･･ ".

It was a surprise, and I had no choice but to wait surrounded by those screams. But I knew that they have a habit to take a break between their activities. About 30minutes afterward they stopped their protest and flew toward one of the islands away from the branch. I had a chance to escape the place.

I must confess that I am an amateur "outdoor naturalist," to borrow the expression of Gilbert White. I should manage to find a way of observation most suitable both to me and to the subject, in this case, a pair of Yamasemi.

The first thing to do was to find a place where I was able to get a good view of their activities, and a hiding spot to be close enough to hear their murmurs. And then a device that could be attractive as a kind of their platform was needed.

In the course of 13 years I used three hiding places and two platforms. Of course, an 8-power binocular is a must. And a 60-power field scope fixed on a stay installed on the tripod was something I desperately needed. Now and then, I photographed them for the identification.

A stony riverbed 300meters away from the nest site was finally chosen. I think that was very useful because from that spot I was able to watch most of their activities and moreover it could reduce the stress I might give them by staying on the river's edge away from them.

But sometimes I had to be very close to them, because their actual communications by way of body and vocal expressions should be examined. I wanted to find something to hide myself in.

The first one was made in a mountain of rubbish at the water's edge. And the second one was a hole I dug up in the riverbank. Those two were very useful for my observations.

In those days I met a person who had a fishing boat there. He was very lovable and very kind. In two or three years he cleared the inside of his shuck and made it a comfortable place for the long hours' observation.

And the second thing is to make a device that would provide them with the place to stop by for a while. Near the fishing boat I made a small pile of large stones with a big log on top of it. And then I put up a long log on the bank for them to have a rest in the course of flying to and from the nesting area, I knew they need such kind of tree just at the place through their behaviors in my observation.

The combination of these devices and the hiding places functioned perfectly. They didn't show any sign of uneasiness and began to use those devices in a day or so. Soon they became a kind of platform in their daily activities.

From the hiding places I was able to watch them for so long, say one hour or two in the early morning. They sit on the platform and just look out, preen and wait for the mate to arrive and smash the fish. Females often spend more than twenty minutes on the pile of stones preening and oiling their feathers, especially breast and primary flight feathers

In this way, the most interesting thing is the females' behaviors displayed on the platform. My observations show that females seem to feel free in using those devices. But males are different. In other words they showed their own likes for those newly appeared things.

Males tend to be away from the pile of stones in the shallow water and a log on the bank. They wait and see until they follow females' way.

That was the starting point of my adventure into the "world" of Yamasemi. The first pair, Toshiie (male) and Omatsu (female) appeared to be eager in repairing their nest hole. But actually females got the upper hand of the job or governed the whole things.

Almost always females don't let males to take a rest, and yelling about until males fly to the nest. That is not an exaggeration but a normal tendency I felt from their day -to- day activities.

I will show you an incident. It was a sight I couldn't have seen without the hide in the ground. On that morning a fishing boat was just in front of the hide. Toshiie was there standing on the stern and then the female, Omatsu arrived. Omatsu soon began to yell and toddle bit by bit toward Toshiie on the narrow sideboard of the boat. Toshiie finally flew to the nest.

On the next brooding stage, they alternated the turn of sitting on eggs in the daytime, but between the evening and the daybreak I don't have any knowledge about their activities.

Females may well be called the "boss" in their family life. Males generally react to the pressures put by his mate and often display their unwillingness. But when it comes to a battle against an intruder who is challenging for the territory, it is the male who fights for the owner's place.

Putting aside the subject of their family life, I will tell you about their queer habit they display at leisure hours. They seem to use leaves and stones just for fun. For instance, a female called Oharu took a very small fragment of wood about 3centimeters long from the nest hole, and held it out to her mate, Narimasa. I am sure that Omatsu was intending to put an appeal or to give a trigger for him to start to the nest. I believe the wood fragment is a tool. The female has knowledge that it works as a tool, and has a kind of understanding that her mate would react to that visual stimulus.

In this way, females need to be supported by her mate. She doesn't begin the morning job of repairing the nest. Omatsu, one morning seemed to feel uneasy as her mate, Toshiie didn't arrive at the center area. She seemed to be irritated and began to fly up and down the stream again and again until her mate arrived at the nest site. And when he arrived there she yelled, "Kyala,Kyala,Kyala ･･･" to express her strong emotion that may be called her feeling of joy.

She is a Boss, but needs strong support from her Mate.

To summarize my account of the life of Yamasemi, it may well be said that they have the ability to realize the feelings of others and to imagine the situations their mates are facing, and then to make proper reactions to the realities.

索　引

［す］

［せ］

［た］

［ち］

［つ］

［て］

［と］

［な］

［に］

著者

中林　光生（なかばやし　みつお）

1940 年　新潟県長岡市生まれ
1966 年　関西学院大学大学院文学研究科（英文学）修了
1985 年　ケンブリッジ大学 Pembroke College に遊学、
RSPB（The Royal Society for the Protection of Birds）の
支部、ケンブリッジ・メンバーズ・グループに所属
2005 年　広島女学院大学名誉教授

著　書　『大きなニレと野生のものたち』（共著）文芸社　2004 年
『あるナチュラリストのロマンス』メディクス　2007 年
『街なかのタマシギ』溪水社　2018 年
論　文　「湿田のタマシギ」『アニマ』平凡社　1980 年
「野鳥は祠と共にあり」『夏鳥たちの歌は今』遠藤公男編
三省堂　1993 年

柳林のヤマセミたち

令和 2 年 3 月 25 日　発行

著　者　中　林　光　生
発行所　株式会社　溪水社
広島市中区小町 1-4（〒 730-0041）
電　話（082）246-7909／FAX（082）246-7876
e-mail: info@keisui.co.jp

ISBN978-4-86327-504-1 C0045